Die Spielhahnkönigin

Eberhard Gabler

Die Spielhahn-königin

Auf Wildwechseln und Jägerpfaden

KOSMOS

Inhalt

Begegnungen

Wo immer wir in den Wäldern unterwegs sind, im anstrengenden Fels, auf den Höhen oder in den Tälern der Mittelgebirge oder in den weiten Ebenen der Heide und des Marschlandes, überall begegnen wir diesen wunderbaren Menschen, die das Jagdgeschehen um uns herum so aufregend und spannend machen.

Um wie viel ärmer wäre unser Jagen, gebe es diese heiteren oder kuriosen Gestalten nicht, die uns im vorliegenden Buch einen kleinen Einblick in ihr jägerisches Leben gestatten! Vielleicht entdecken wir schmunzelnd hier und da uns selbst in den Geschichten, erinnern uns an eigene Erlebnisse im »Grünen Gral«, die dem Geschehen des hier Beschriebenen ähneln …

Das Buch will das frohe Plaudern bereichern, das Erzählen am Jägertisch und am Kamin unter Gleichgesinnten, vielleicht im Gedenken derer, die schon in den »Ewigen Jagdgründe« sind, und es will zur Jägerjugend führen, die in Zukunft Jagd gestaltet und verwaltet.

Die Spielhahnkönigin

Wenn Kirstin zur Jagd ins »Moos« fuhr, wollte sie alleine sein. Es hatte sie viele Mühen gekostet, ihren Freunden den Wunsch nahezubringen, ohne dabei in das Abseits eines Sonderlings zu geraten.

Auch heuer wieder bot der Vater ihr an, sie mit dem Auto bis vor das Dorf in den Bergen zu fahren, und sie lehnte ab. Die Freundin Jana brachte sie schließlich zum Bahnhof und verabschiedete sie wortgewaltig mit vielen guten Wünschen und Ratschlägen, derer Kirstin nicht einen zu beherzigen gedachte; sie stand fest im Leben und verabscheute jede Form von übertriebener Fürsorge.

Nun war sie zurückgekehrt in das kleine, verschwiegene Dorf im »Moos« vor den Bregenzer Bergen, die sich majestätisch hinter maigrünen Wäldern erhoben.

Hier war sie frei und es gab in den kleinen Gassen niemanden, der ihr besondere Aufmerksamkeit schenkte. Die Dörfler waren einfache Leute, und was die Fremden ins Dorf brachten, ermöglichte ihnen einen bescheidenen Wohlstand, der sich nicht zuletzt auch in Gestalt einer großen Messingskulptur präsentierte, die einen Torfstecher mit seiner Karre darstellte.

Der Bertelhofbauer betreute die Jagd im »Moos« in der dritten Generation und bei ihm wohnte die Kirstin. Sie fühlte sich wohl bei den Bertels, half der Else, die immer und überall ein Liedchen sang, wenn sich mittags in der Küche die Arbeit des Tages anhäufte, und verbrachte die restliche Zeit der ersten Tage im »Moos«, das den Frühling atmete und voller Vogelstimmen war.

In den schilfbestandenen Gräben schwätzten die Sumpfrohrsänger und weiter draußen, wo die tief ausgefahrenen Fuhrwege sich im Moor verloren, vernahm sie das schnarrende »Track-track« des Schwarzkehlchens. Heckenbraunelle, Plattmönch und Kuckuck verstummten gegen Mittag, sobald die vorsommerliche Wärme über dem »Moos« flimmerte, stimmten aber im späten Nachmittag in das große Konzert ein, in welchem die Feldlerchen den Ton angaben.

Bei der Mahd am Großen Graben hatte der Bertel Josef zwei Bekassinen hochgemacht. Ein Pärchen vielleicht, überlegte er.

»Was meinst', Kirstl, soll ich dich Morgen in der Früh rausfahren zum Schirm, der steht immer noch am alten Platz im Brink und ausgeflickt hab' ich ihn auch. Magst Morgen auf deinen Hahn gehen?«

»Gern, Josef, wenn ich dich so früh rauswerfen darf aus deinen warmen Federn!«

Wegen der Spielhahnbalz war sie hierhergekommen, aber die Zeit im Schirm bestimmte immer der Bertelhofbauer, solange sie Gast in seinem Hause war. Der Bauer kannte die Launen des Wetters wie kein anderer, und wenn er mittags bei Tisch sagte, dass die Bregenzer, womit er die Berge meinte, »ihre Seide anhaben«, dann würde das schöne Wetter anhalten.

Kirstins Ruhe war dahin! Sie war aufgeregt, wie stets, wenn Jagdliches anstand. Dann kroch wieder dieses mysteriöse Kribbeln durch die Glieder und lähmte zeitweise die Gedanken, die sich mit anderem befassten als mit der Jagd.

»Was nimmst denn für 'n Büchserl mit«, fragte der Bauer abends unter dem Fünfarmigen, als Kirstin die Spielhahnfedern betrachtete, die er in zehn Jahren aus dem »Moos« mitgebracht hatte; zerzauste von der Mauser und lange und breite von der Habichtrupfung.

»Ich nehme die Kleinkalibrige mit dem sechs Millimeter Hartblei, was meinst'?«

»Wennst sicher bist im Schießen«, sagte der Josef zustimmend und nahm die langen, glänzenden Federn auf.

»Sind die Krummen vom alten Hahn, den mir der Habicht vor der Büchse schlug. Fünf Sicheln, das ist ein guter Hahn. Die in Schweden oder in Finnland bringen es auf sechs Krumme, aber unsere im ›Moos‹ und die im Gebirg' sind dafür lebhafter als die Nordischen.« Das war seine Erfahrung. Kirstin konnte damit nichts anfangen, sie kannte nur die Hähne vom »Moos«.

Die gute Else dachte an alles, was Kirstin den Ansitz im kalten Schirm erleichterte: Melissentee, ein herzhaftes Vesperbrot mit Hausmacherwurst und eine dicke Wolldecke gehörten zu Elses »Pflichtpaket« für den Ansitz.

Der glutrote »Tiroler« hatte Kirstin dieses Mal nicht den gewünschten Schlaf gebracht. Sie dämmerte dahin auf ihrem Nachtlager, wälzte sich mal nach rechts, mal nach links und strampelte die Bettdecke mehrmals zu Boden – sie litt wieder am Jagdfieber.

Als der Bauer um vier in der Frühe an die Tür pochte, war sie gerade eingenickt. Sie schreckte hoch und vertrieb die Schlafreste unter dem kalten Wasser. Es roch nach Bohnenkaffee im Haus, und der Bertel Josef brachte es fertig, um diese heilige Zeit schon eine Pfeife zu rauchen.

»Der Nebel bringt uns sauber zum Schirm«, sagte er, womit er andeutete, dass sie ungestört und ungesehen den Pfad zum Schirm draußen im »Moos« nehmen konnten, zudem nahm der Nebel dem Wild, das auf den Läufen war, die Witterung.

Über der Brandheide schnurrten die Ziegenmelker und im dämmerigen »Moos« empfing sie das dumpfe »Du-du-du-du« der Sumpfohreule; ihre Jagdbegleiter, zu denen sich wenig später noch die Bekassinen hinzugesellten. »Himmelsziegen« ist ein treffender Name, dachte sie, als einige über dem weiten »Moos« »meckerten«, welches eigene, seltsame Stimmen besaß. Es gluckste und murmelte in den Gräben, raschelte leise im Rohr.

Die schwarze Seide des Himmels war mit dem blinkenden Gold winziger Sterne betupft, und auf dem »Moos« lag der Nebel wie ein dickes, bläulich weißes Tuch. Am Schirm dann hatte der Bauer sie wortlos verlassen, sein Händedruck aber hatte ein aufrichtiges »Waidmannsheil« signalisiert.

Es war plötzlich ein anderes Alleinsein, als sie es sich monatelang gewünscht hatte – unheimlich und schön zugleich.

Kirstin hüllte sich in die Wolldecke ein und nahm behutsam die Klappe vom kleinen Fenster, als mit lautem »Tschuu-isch« der erste Hahn dicht über den Schirm hinwegflatterte und im Nebel in das Kraut plumpste.

Das war der Auftakt! Zwei, drei Hähne fielen ein, kullernd, fauchend. Kirstin vernahm, dass sich die Hähne zischend vor ihrem Schirm ansprangen, aber es geschah im Nebel und der gab nicht einmal einen Schatten der stolzen Ritter frei. Weitere Hähne fielen lärmend ein, aber entfernt vom Schirm, sie schätzte zehn an der Zahl und sie ahnte, dass der dicke, quirlende Nebel ihr dieses Mal das Jagdglück vermasselte.

»Tschuu-isch« und »Tschau-hui«, schallte es stimmgewaltig heran, dann rauschte es wieder im Kraut.

Aber Kirstin war nicht unglücklich. Was die langsam emporkletternde Sonne ihr bot, war das Gewaltigste, das sie jemals im wilden

»Moos« erlebt hatte! Rotgolden wogte der Nebel nun, von einem zarten Windhauch bewegt, hin und her, auf und nieder, begleitet vom Stimmengewirr der kämpfenden, blauen Ritter und den Meckerflügen der Bekassinen.

Der Kuckuck vermeldete sich in ihrer Nähe und auf dem Schilfdach ihres Schirmes jubelte der Ortolan sein Morgenliedchen ins »Moos« hinein, Kiebitz und Dorngrasmücke grüßten den wundersamen Morgen.

Als die goldenen Wogen aufrissen und plötzlich Millionen glitzernder Perlenketten in Baum und Strauch hingen, verstummten die Hähne wie auf ein Kommando hin alle zugleich.

Jetzt erkannte Kirstin einige der müden Kämpfer, die geduckt hin und her trippelten, als müssten sie sich vor der Sonne verstecken.

Mit dem Glas holte sie sich die gefiederte Gesellschaft heran. Ein Hahn fiel ihr besonders auf. Er war von kräftiger Gestalt und zeigte – Kirstin traute ihren Augen kaum – ein breites Bündel »Krumme«. Er machte einen langen Hals, zupfte bedächtig sein Gefieder und zeigte dann mit kecken Luftsprüngen seine Herrschaft an. Der Platzhahn, dachte sie und war augenblicklich entschlossen, diesen und keinen anderen mit nach Hause zu nehmen! In vollem Spiel wollte sie ihn aus dem Leben nehmen, nicht jetzt aber in seiner Ruhepause.

Der Große drehte sich, zeigte ihr die blau und oliv glänzende, breite Brust, das prächtige Spiel mit den langen Sicheln, den kleinen Kopf mit den scharlachroten, dicken Rosen über den hell gesäumten Augen. Dann strich er mit einem lauten »Tschuu-hui« tief über das »Moos« davon.

Das Bauernvesper schmeckte ihr wie nie zuvor!

Der Bertelhofbauer Josef saß auf der Holzbank vor dem Haus und qualmte seine Pfeife, als Kirstin über den Hof daherkam.

»Konntest dich nicht entscheiden für einen, Kirstl?«, fragte er lächelnd und es klang ein bisserl Mitleid in seiner Stimme. Aber die

Kirstin strahlte und ihre Augen lachten den Josef an, dass er neugierig wurde.

»Es ist ein Steirer darunter, oder ein Tiroler, vielleicht auch ein Schwedischer oder ein Finnländischer, einer, von dem du dein Leben lang geträumt hast!«, rief sie aus, der Bauer aber dämpfte ihre überschäumende Begeisterung.

»Übernimm' dich nicht, Kirstl, der Nebel macht die Hahnen größer, als sie sind.«

»Nein, Josef, wo der stand, war kein Nebel mehr, aber er protzte in Purpur, wie der auf deinem Ölbild über der Kommode, nein, mehr noch, und Krumme hat der, wie die längsten in deiner Schublade.«

Der Bauer betrachtete sie schweigend und zog ein paar Mal kräftig an seiner Pfeife. Dann erhob er sich schwerfällig, lachte Kirstin an und schlich ins Haus.

Drinnen am Mittagstisch fragte er froh gelaunt: »Gell, Kirstl, er war schon kleiner, dein Spielhahn?« Aber die Kirstin blieb bei ihrer Schilderung. »Morgen wirst es mir schon glauben, Josef«, konterte sie, und der Bauer löffelte seine Suppe brav und in sich gekehrt.

Wieder um viere in der Frühe weckte der Bertelhofbauer Kirstin. »Heut' bist ohne Nebel, 's riecht nach Föhn«, sagte er. »Da sind die Hahnen nicht so närrisch!«

Das war alles, was er sagte an diesem Morgen, und das war gut so, Kirstin war ganz mit sich selber beschäftigt. Er hält mich für eine Träumerin, dachte sie, als sie hintereinander gehend den schmalen Pfad über den wabbeligen Moorboden nahmen, ein Stück am Schilf entlang und über die Brandheide zum Schirm.

Gespenstische Gestalten waren die Büsche und abgebrochenen Bäume im nebellosen »Moos« und der Erdschirm, der gerade mal geräumig genug für zwei ausgewachsene Menschen war, erschien auf der weiten, hügellosen Moorsteppe aus der Ferne wie ein großer Heuschober.

Wieder strich die Sumpfohreule mit ihrem dumpfen »Du –du – du« über das noch schlafende »Moos«, wieder schnurrten die Ziegenmelker dicht über sie hinweg, murmelte und gluckste es unheimlich an den Gräben. Nur ein dünner, rosaroter Strich über den »Bregenzern« kündigte die Sonne an, als der Bauer sie verließ.

Langsam nur gewöhnten ihre Augen sich an den dämmrigen Balzplatz. Sie nahm das wollene Tuch vom Hals, rollte es zusammen und legte es auf die Latten im kleinen Fenster, schob die leichte Büchse darauf und wartete, lauschte angestrengt hinaus, wo das erste, schwache Licht über das »Moos« schlich.

Dann plötzlich waren die ersten blauen Ritter mit »Tschuu-isch« und »Tschuu-hui« auf dem Turnierplatz, weit entfernt noch, aber es folgten immer neue, rannten kullernd, zischend und fauchend durchs Kraut oder hüpften hoch, wenn sie sich den Hennen näherten; die aber verschwanden schnell wieder vom Platz.

Sie zählte sieben Hähne. Mit dem Glas tastete sie die Arena ab – vergebens, ihr Hahn war nicht darunter.

Sollte das nicht sein Wetter sein? Der Föhnwind war mild, kaum spürbar. Lähmte er die verrückte Gesellschaft? Tags zuvor im kalten Nebel war das anders gewesen!

Dann aber rauschte der Große über sie hinweg und fiel mit hartem »Tschuu-isch« zwischen den anderen Hähnen ein, die augenblicklich auseinanderstoben. Fauchend, mit geneigtem Kopf und über den Boden schleifenden Schwingen prahlte er, tanzte ein paarmal um einen Nebenbuhler herum, um sich sodann kullernd auf ihn zu stürzen. Der nahm mit vollem Kragen und gefächertem Spiel das Duell an. Die beiden gerieten hart aneinander und ließen Federn dabei und rollten als wildes Federknäuel über das Kraut nahe an den Schirm heran.

Bedacht hob Kirstin den Lauf über das Wolltuch, wartete, bis die blauen Ritter sich trennten, um erneut fauchend den Kampf auf-

zunehmen. Jetzt zeigte der Große seine blau schillernde Brust und Kirstin hielt mit ruhiger Hand darauf und krümmte den Finger.

Die kleine Büchse sprach im Balzlärm der anderen Hähne kaum hörbar und die blauen Ritter unterbrachen ihre Kriegstänze nur für ein paar Sekunden.

Der Große aber war im Schuss hochgesprungen und hatte sich mit ausgebreiteten Schwingen in das taunasse Gras gelegt.

Kirstin war ruhig geblieben, erschrocken wohl darüber, dass der Tod des einen die anderen nicht beeindruckte. Fauchend und kullernd setzten die das Duell fort und der Beihahn des Großen nahm es gar mit zwei Hähnen auf; das von der Natur festgelegte Ritual zogen sie durch.

Kirstin wartete die Sonne ab, die sich noch hinter einer dicken, schwarzen Wolke verbarg. Als die sich schließlich nach Norden hin verzog und die Sonne ihr Gold über das »Moos« schüttete, verschwiegen die Hähne einer nach dem anderen, und sie verließen lautlos den morgendlichen Turnierplatz. Ein paar Hennen trippelten noch nahrungssuchend durch das Kraut, folgten dann aber den Hähnen zu den Birken am Rande des braunen Moores.

Ehrfürchtig setzte Kirstin sich neben den toten Hahn nieder und berührte sachte dessen glänzendes Gefieder, die prallen, roten Rosen, das große Spiel mit den sechs langen und breiten Krummen und das kleine, reinweiße Spiel darunter.

Nun brach das Wechselspiel der Gefühle auf, deren Tränen sie sich nicht zu schämen brauchte. Vorbei war es mit der Ruhe, die ihr im entscheidenden Moment zuvor die Sicherheit mit der Büchse gab. Und es geschah etwas, das geschehen musste und das in jedem Jägerherz rebelliert, wenn die Kugel ganze Arbeit geleistet hat: Sie stellte sich die Frage, ob es richtig war, stolzes Leben im höchsten Augenblick auszulöschen.

Es war nur ein kurzer Gedanke, ein Aufschrei in ihrer Brust. Bis sie in die Stube des Bauern eintrat, würde noch eine Stunde vergehen, überlegte sie, eine Zeit, in der sie wieder zu ihrer Ruhe zurückfinden würde. Sie brach das Knospenzweiglein einer Birke und legte es auf den Stolzen vom »Moos«.

Der Kuckuck rief und zahlreiche Lerchen schwangen sich singend in die seidenweiche Morgenluft. Aus der Tiefe des »Mooses« trug ein zarter Wind noch einmal das »Tschuu-hui« eines Spielhahnes an ihre Ohren, ein Gruß, den sie wehmütig, aber doch mit ganzer Freude aufnahm.

Der Bertelhofbauer war im Stall bei den Kühen. Er stach die Gabel in das Stroh und lief ihr entgegen.

»Heiliger Hubertus«, rief er aus, als er den stolzen Hahn sah. »Heiliger Hubertus, – die Kirstl!« Er war überwältigt, fuhr mit der Hand prüfend über das blau glänzende Gefieder und maß mit gespreizten Fingern die Sicheln.

»So was von Hahn, heiliger Hubertus!« Dass er immer wieder den Jagdheiligen anrief, zeugte von seiner Verlegenheit, hatte er abends zuvor doch die Kirstin belächelt, als sie vom »Steirer« und vom »Tiroler« schwärmte, der größer sei als alle anderen Hähne im »Moos«.

Die längsten Krummen maßen 26,5 Zentimeter. Dreimal legte der Josef im Hausflur das Schneidermaß an, bis er es endlich glaubte. Nun erst fiel es ihm ein, der Kirstin ein »Waidmannsheil« zu sagen.

Kirstin lächelte, blieb in ihrem Stolz aber schlicht, wie es ihre Art war. Das änderte sich auch nicht, als abends der Forstmeister vom Staatlichen beim Bertelhofbauern reinschaute, um dessen »Selbstgebrannten« zu probieren, wie er sein Anliegen umschrieb.

»Mädel, beim Jägerball an Hubertus wirst du die Spielhahnkönigin«, sagte der ergraute, würdige Herr in Jagdgrün und drückte derb die zarte Hand.

Zum Jägerball würde sie nicht ins »Moos« fahren, versprach sich Kirstin. Wenn aber die Bockjagd aufging im Jahr darauf, würde sie den Josef Bertel wieder um ein Zimmer bitten. Einen Spießer hatte der ihr schon im Vorjahr versprochen.

Seltsam ist's schon, dachte Kirstin, ich freue mich auf das Böckchen mehr als über den Großen Hahn!

Aber Herr Pfarrer!

Andreas Silberberg war ein etwas untersetzter Mann, eher korpulent als vollschlank, so um die 60 schätzten sie sein Alter.

Sie kannten ihn stets lustig mit einem bübischen Gesichtsausdruck, hinter dem der Schelm sich verbarg. Die lichtblonden Haare ließen einen Friesentyp erahnen, aber er kam aus der kalten Rhön und verbrachte jährlich zweimal einen Kurzurlaub auf ihrer Insel – einen im Frühling, wenn die Graugänse gen Norden zogen, und einen im Herbst, wenn ihre Jagd zwischen den Buhnen aufging.

Die Inseljäger, wortkarg und in sich gekehrt, labten sich dann am Frohsinn ihres Gastes aus dem Binnenland, und an den langen Winterabenden, wenn sie im »Mummelkrug« bei schwarzem Tee und Korn saßen, wärmten sie die großen und die kleinen Erlebnisse mit Andreas Silberberg wieder auf, denn diese Geschichten waren von köstlichem Unterhaltungswert.

Obwohl sie seine lockere und feine Art liebten, war er ihnen in den 15 Jahren seines Kommens fremd geblieben. Sie wussten nicht, welchen Berufes er war, und sie interessierten sich auch nicht für seinen Familienstand; er kam stets alleine und erwähnte keinen Anhang.

Er zahlte bei Ella Harmsen für das einfache Zimmer mit Blick auf einen riesigen Sandhügel mehr, als sie verlangte, und ließ sich nach den Jagden nicht lumpen. Im »Mummelkrug« zahlte er pro Abend in der Regel drei Runden, was ihnen gefiel, und bevor er seine Koffer wieder packte, kaufte er beim Bauern Madeson Katenschinken im Stück und zehn luftgetrocknete Hartwürste, von denen jede so groß war, dass er sich wochenlang davon ernähren konnte. Als Ole Blum im Übermut einmal fragte, ob er daheim einen Fleischerladen unterhalte, wurde er ernst im Gesicht und sagte, die Wurst sei für einen guten Zweck bestimmt. Weil die Friesen nicht neugierig sind, blieb das alles, was sie wussten über ihn.

Pitt Ohm sagte, dass die Zeichen der Zeit gegen die Jagd stehen!

»Mit jedem Sommer kommen ein paar aufgehetzte Vogelschützer mehr vom Festland herüber, und die neue Lehrerin ist auch so ein Querkopf. Die erzählt den Kindern, sie sollen die Ansitzlöcher der Jäger in den Dünen zuschütten, um so das Leben der Enten und Gänse zu schützen, die der liebe Herrgott zur ›inneren Erbauung‹ aller Menschen auf der Insel erschaffen hat und nicht als ›Spielzeug‹ für schießwütige Männer.«

»Dann müssen wir versuchen, dass wir die ›Olsche‹ wieder von der Insel kriegen, ehe der Andreas auftaucht. Wenn der seine zwölf am Stück herunterholt, dreht die durch und wir müssen die drüben in das Sanatorium bringen.«

»Lass' man gut sein, die Kleine hat's Lachen im Gesicht und die Kinder mögen sie. Wenn die geht, muss dein Berti auch wieder mit der Fähre bei Sturm und Schnee nach drüben in die Schule, nee, gute Lehrer sind knapp, und wer auf so eine Insel rüberkommt, der muss die Natur mehr lieben als sich selber, sonst läuft er schon nach der ersten Sturmflut wieder davon«, erwiderte Hans Lüttgen.

Lüttgen stand als Bürgermeister in der Verantwortung, war passionierter Jäger und Pächter der Inseljagd. Die Gänsejagd hatte zwar eine jahrhundertealte Tradition, die schon der Urgroßvater mit Stolz pflegte, aber Hans Lüttgen war ebenso stolz auf seine Menschenkenntnis, die seiner Insel in der quirligen Person der Anna Maier die beste Lehrerin aller Zeiten beschert hatte. Die Anna war keine Schönheit, eher eine Mischung aus Seeigel und Kegelrobbe, mit borstigen, abstehenden Haaren und gefleckter Haut, derer sie sich schämte, denn sie bepuderte sich auffallend dick, bevor sie ihre Wohnung verließ. Aber sie war ein herzensguter Kumpel, wie sein Peter sie nannte, und das wollte bei dem schlitzohrigen Rüpel etwas bedeuten.

Die Kinder schwärmten von ihr, weil sie die seltene Begabung besaß, frei von Paukerallüren ihnen das Lernen zur Freude zu machen. Damit hatte sie die Mütter gewonnen und diese kamen, wenn Anna Maier zum Elternabend rief, alle ohne Ausnahme. Und mit derselben Schläue, mit der die Anna die Kinder für sich gewann, betörte sie auch die Inselfrauen.

Da passierte es daheim immer öfter, dass die Bibel wieder auf dem Mittagstisch einen Ehrenplatz bekam und vor und nach den Mahlzeiten die Hände gefaltet wurden, weil Anna Maier sagte, dass sie alle auf einer sündigen Insel lebten und jeder Gast, der herüberkam, mit dem Geld auch den Teufel im Gepäck hätte und dieser das Ursprüngliche und die Gottesfürchtigkeit zerstören würde, und wenn die Männer abends im »Mummelkrug« dem Korn und dem Kartenspiel frönten, säße der Teufel mit am Tisch und verkürzte ihnen mit schlechten Witzen die Wartezeit bis zur nächsten Gänsejagd.

»Wer schießt, der tötet Gottes Schöpfung«, hatte die Anna Maier gesagt, und die gottesfürchtigen Inselfrauen hatten das so noch nicht gehört und auch nicht so betrachtet.

Der Aufstand war vorprogrammiert, das spürten auch die Männer. Eines Abends sagte Hans Lüttgen, der Bürgermeister, im »Mummelkrug«, als sie wieder mit dem Teufel Skat spielten und Korn tranken, sie sollten die Ansitzlöcher in den Dünen mit Sand zuschütten und wieder die alten Eichenholzkisten aus ihren Schuppen hervorholen und diese bei Ebbe in der Nacht zwischen die Buhnen schieben, wie das früher die Alten mit viel Geschick und Erfolg getan hatten.

»Wir schlagen den Vogelschützern damit ein Schnippchen, und die Anna Maier wagt sich im Dämmerlicht nicht hinaus in den Schlick.«

»Das macht der Andreas Silberberg nicht mit«, wandte Ole Blum ein.

»Der ist Schützenkönig mit glatten und feinen Fingern. Der schiebt die Kiste nicht in den Dreck, wenn's Wasser geht, und nach sechs Stunden wieder heraus, der liebt's bequem.«

»Du kennst den Andreas nicht! Der hatte damals am ›Bögel‹ droben ein Loch in nur zwei Stunden gebuddelt und danach auf die offenen Schwielen Brennnesselblätter gelegt. Du bist mittags noch immer in deinem Loch gestanden und danach im Sand gesessen wie ein gefederter Gansert«, erwiderte Pitt Ohm.

Beim letzten Korn hatten sie sich darauf geeinigt, den Vogelschützern und der Anna Maier das Schnippchen zu schlagen und ihre Gänsejagd wieder in der alten, zwar anstrengenden, aber doch eines Wattjägers würdigen Form durchzuführen. Die Zeit drängte.

Schon hörten sie über dem Watt die ersten größeren Flüge der nördlichen Wildenten, wenn diese in der Abenddämmerung wolkengleich aufstiegen, um während der Nachstunden auf den Deichwiesen und auf den Stoppeläckern zu weiden. Tagsüber lagen sie im Prielland zu Hunderten auf dem Flachwasser.

Pitt Ohm, der in diesem Jahr die Jagdaufsicht innehatte, erkannte Kolben-, Schell- und Stockenten. Ein paar Eiderenten mischten sich auch darunter, aber das Bild beherrschten Stockenten.

Die sonnigen Spätsommertage kühlte ein milder Nordostwind und nach Sonnenuntergang kroch die eisige Kälte vom Wasser her über das Watt und durch die Dünen.

Den Enten folgten nun die ersten Grau- und Ringelgänse aus Schwedens Norden, und Andreas Silberberg entstieg eines morgens frohgelaunt wie immer der Fähre mit den zwei wuchtigen Holzkoffern und dem abgewetzten Futteral, in welchem Flinte und Kleinkaliberbüchse steckten.

Als sie im »Mummelkrug« mit ihm auf das Wiedersehen anstießen, hatte nur Hans Lüttgen den Mut, ihm zu sagen, dass die Jagd schwieriger geworden war, seitdem die Lehrerin vom Binnenland auf der Insel gegen die Jäger stänkerte.

»Sie ist keine von uns, aber die Kinder und die Inselweiber hängen an ihrem Rock, dass es uns Angst macht«, sagte Hans Lüttgen sehr ernst, und Ole Blum, der nun auch die Sprache wiederfand, fügte hinzu, dass die »Maiersche« hochdeutsch sprach und wahrscheinlich vom lieben Herrgott persönlich auf die Insel geschickt worden war, um den sündigen Einheimischen den Weg zum Himmel zu ebnen.

»Die ist eine Heilige«, lästerte Pitt Ohm, und Andreas Silberberg, voller Jagddrang, dass ihm das Stillsitzen im »Mummelkrug« schwerfiel, lächelte nur und nahm's gelassen auf.

»Dann gehen wir brav in die Kirche und lassen uns bekehren, aber ohne Waffen. Die holen wir uns abends aus dem Schrank, wenn die Sonne sinkt und des Herrn rechte Hand auf den Schulheften im Lehrerinnenstübchen bei Frau Maier ruht«, sagte Andreas Silberberg gut gelaunt; es klang fast ein bisschen pastoral. »Dann, liebe Freunde, packen wir unsere Ansitztonnen auf die Schlitten, schultern die Flinten und warten hinter den Dünen, bis das Watt trocken fällt.«

Andreas Silberberg hatte wieder das helle Gesicht mit dem bübischen Anflug und den Augen voller Ungeduld. Es zuckte um Nase und Mund und die feingliedrigen, gepflegten Hände suchten verzweifelt etwas zu packen, das sie bearbeiten konnten.

Seine Ungeduld sprang auf die anderen über. Sie sangen bis tief in die Nacht hinein freche Lieder, die so nackig waren, dass die Wirtin ein rotes Gesicht bekam und die Flaschen nur flüchtig auf den Tisch stellte, um rasch wieder die Stube zu verlassen.

Die alte Wattjagd in der Tradition der Inselväter, ja, das war es, was Andreas Silberberg noch fehlte in seinem Waidwerk!

Früh schon war er auf den Beinen, durchstreifte das hügelige Land hinter dem Deich und labte sein wildes Jägerherz am Anblick Tausender Enten und Gänse, die er sich mit dem Feldstecher aus den Salzwiesen und vom offenen Meer heranholte.

Er wusste von Pitt Ohms Vater, dass die Wattjagd in der Kiste eine Herausforderung für Körper und Geist bedeutete, das Letzte an Kraft abverlangt bei aller Gefahr der Priele und der Gezeiten. Ein paar der Besten waren dabei im Watt umgekommen und der »Blanke Hans« hatte sie nie mehr freigegeben.

Andreas Silberberg hatte sich in der Zeit verlaufen und hörte die Glocken der kleinen Holzkirche, in der sie gemeinsam beten wollten an diesem Sonntagmorgen, aus weiter Ferne, vermischt mit Wind und Möwenschrei.

Die Wolken kamen tief über das Meer, kämmten die aufgewühlten Wellen und es begann zu regnen – ein besseres Gänsewetter konnten sie sich für die Kisten nicht wünschen, es war ein »Superwetter«!

Tief in der Nacht, aber schon zum Morgen hin, im wildesten Tanz der Winde und des Wassers, trafen sie sich hinter den Dünen, schweigend, denn der Sturm hätte ihre Worte gefressen. Dem ablaufenden Wasser folgten sie in das Watt weit hinaus bis zu den gespenstischen Gerippen der Buhnen. Dort krochen sie in ihre Kisten und Tonnen, verschmiert mit schwarzem Schlick vom Hals bis zu den Füßen.

Andreas Silberberg war mit seiner Eichenkiste tief in das offene Watt vorgestoßen, war von den schrillen Rufen der nächtigenden Graugänse umgeben. Einige standen so nah bei ihm, dass er sie in der Helligkeit der Morgendämmerung, wenn die Wolken über ihm aufrissen, schemenhaft erkennen konnte.

Von Minute zu Minute erwachten mehr Gänse, stimmten kraftvoll ein in das Gekreische und Andreas wusste aus Erfahrung, dass sie sogleich lärmend abheben würden, um tief über das Watt den Deichwiesen zuzurudern.

Bedächtig schob er die Flinte über die Holzkante, ging in Hockstellung. Schon krachte es links und rechts von ihm und das schreiende Heer der Gänse erhob sich sausend und brausend in die Luft.

Er schoss in eine Dreierformation, fuhr hastig herum, holte zwei Gänse aus einem dichten Verband in den Schlick und im raschen Linksschwenk noch eine, die vor seiner Kiste aufschlug.

Nun stoben die großen Vögel in alle Richtungen auseinander, stiegen kreischend höher und flatterten ziellos durch die Wolken, aber auch einen kreischenden Nachzügler, der tief auf ihn zustrich, holte er noch vor seine Kiste und bemerkte dabei mit Entsetzen, dass das Wasser wieder auflief.

Er sprang aus der Kiste, ergriff die toten Gänse, seine Flinte und den Rucksack und rannte los, so schnell ihn die Füße trugen. Er erkannte Pitt Ohm und Hans Lüttgen und dahinter Ole Blum, jeder von ihnen mehrere Gänse durch das Watt schleppend. In Keilformation zogen immer neue Gänsegeschwader über die Dünen hinweg. Die Luft war erfüllt von ihren schrillen Rufen.

Die Männer stampften keuchend mit ihrer schweren Beute, verschmutzt von Kopf bis Fuß über den Dünenkamm, den die grauen Regenwolken berührten.

300 Meter waren es noch bis zum »Mummelkrug«, dem riedgedeckten Langhaus mit den kleinen, gardinenverhangenen Fenstern und den bleichen Walknochen beiderseits der braunen Tür.

Und vor der Tür stand Anna Maier, reglos, wie erstarrt.

Andreas Silberberg schritt voran, nach vorne gebeugt, erkannte die Frau erst, als er sie mit einer der von der Schulter baumelnden Gänse berührte.

Entsetzt, mit weit aufgerissenen Augen sah die Anna ihn an und sprang zur Seite, als stünde der leibhaftige Satan vor ihr.

»Aber Herr Pfarrer!«, rief die Anna Maier erregt aus, jetzt schreckensbleich im Gesicht, und sie rannte davon, verschwand in den rauschenden und gurgelnden Dünen, die der Regen fast ertränkte.

Andreas Silberberg taumelte wie benommen in die Gaststube, gefolgt von den anderen, die aber noch nicht begriffen hatten, was da soeben geschehen war. Andreas Silberberg aber ließ sich auf die Eckbank fallen und sah sie mit leeren, freudlosen Augen an.

»Die Anna Maier ist die Älteste unseres Kirchenvorstehers, ich hab' sie getauft und konfirmiert und ihr die heiligen zehn Gebote beigebracht«, stammelte er leise.

Der stets besonnene Hans Lüttgen legte väterlich eine Hand auf seine Schulter: »Du sollst nicht töten?«

Andreas Silberberg nickte, blieb stumm.

Sie tranken nur einen schwarzen Tee mit »Kluntjes« und viel Milch und gingen dann auseinander, jeder mit seinen grauen Gänsen am Strick und in sich gekehrt.

Sie waren unsicher und sie ahnten, ein jeder für sich, dass die Wattjagd nun noch schwieriger würde …

Nicht lange danach waren die Wattjagden schwieriger geworden, Anna Maier Bürgermeisterin der Insel und der Dünenstrand Naturschutzgebiet. Täglich fielen mehr Touristen auf der kleinen Insel ein, als sie Einwohner hatte, und die Strandvögel verloren ihr Heimatrecht.

Andreas Silberberg war zweimal noch zur Gänsejagd nach Ostfriesland gefahren und hatte danach die Flinte an den Nagel gehängt.

In dem verträumten Rhöndorf kannten sie ihren Pfarrer als den Pensionär mit der Graugansfeder am grünen Hut.

Der erste Schuss

»Niemals hätte ich dich für die Flinte erzogen, ich kenne doch dein zartes Herz!«

Soweit Stefanie sich zurückerinnerte, waren des Vaters Worte stets hart und kompromisslos. Dieses Mal aber nicht. Es klang wie ein Flehen, dem die Tränen fehlten, oder war es ein Verzweiflungsschrei in der Hilflosigkeit des zerstörten, alten Mannes?

Stefanie saß neben dem Vater, streichelte die blassen, faltigen Hände, ein zaghafter Versuch des Trostes, den er aber abwehrte, er, der Stolze, der sein Leben lang nur Härte gegen sich selbst kannte, Erbarmen nur dann zuließ, wenn es um Leben oder Tod ging.

Seit der fallende Baum ihm den Rücken zerschlagen hatte, der Tod ihn aber noch nicht hatte haben wollen, offenbarte der Vater nur sehr wenig, was er dachte und fühlte. Sie kannten ihn mit fahlem Gesicht und hart aufeinandergepressten Lippen, die sich nur selten bewegten.

Aber 1 600 Hektar Wald, der über 180 Jahre lang dem Sturm trotzte, und das Gut, das sie draußen im Lande das »Fürstliche« nannten, obwohl der alte Diemut den Umgang mit allem »Blaublütigen« Verrat am Bauerntum nannte, waren mehr als nur eine rasche Sorge wert – sie mussten mit geschickter Hand verwaltet werden!

Sie hatten einen zuverlässigen Förster und einen fleißigen Chauffeur, der sich auch mit Passion um den Garten am Haus kümmerte, brave Leute aus dem Dorf und eine umsichtige Wirtschafterin, die sich aufs Kochen verstand – Wald und Jagd aber waren immer des Vaters Sache gewesen.

Der Unfall hatte sie alle durcheinandergebracht und Stefanies Jurastudium jäh beendet.

In den Sommerferien hatte sie sich stets mit Geschick um den Holzverkauf gekümmert, doch von der Jagd hielt sie sich fern.

»Ich lebe und töte nicht«, antwortete sie, wenn einer der Jagdgäste ihres Vaters sie bedrängte, »den besten Bock« seines Reviers zu erlegen. Das war natürlich nicht selbstlos gemeint von den Jägern, denn des Vaters Jagdeinladungen waren begehrt im Lande und sie waren immer die feierlichsten Jagden im Verband.

Sie stand vor einer tiefgreifenden Entscheidung, wusste, dass der Vater über die Hege der anderen schimpfte, sie als »Spielereien« bezeichnete. Zu ernst sei das rechte Waidwerk, als dass es nur dann ausgeübt werden dürfte, wenn man gerade mal Lust verspürte, ein Häschen für die Pfanne zu schießen oder den Erntebock bester Klasse zu strecken, bevor ihn der Grüne Grenzgänger von nebenan auf die Decke legt! Und wenn der Nachbar die Kanzel punktgenau auf die Reviergrenze setzte, dann fuhr er anderntags mit seinen Dörflern hinaus und versetzte die Kanzel zehn Meter weiter nach drüben; es gab niemals Widersprüche.

»Ich mach' es«, sagte sie dem Vater und der schwieg dazu, denn er wusste, dass sie es gut machen würde.

Im Jägerkurs wollte man sie schonen, die Tochter vom »Fürstlichen« nicht vergrämen, sich manch einen guten Bock oder Hirsch nicht entgehen lassen, aber sie wehrte sich im Stile ihres Vaters.

»Ich will keine Milde und keine Extras«, forderte sie energisch und legte sich mächtig ins Zeug, wurde Beste im Schießen und guter Durchschnitt in allem, was man vom gestandenen Jäger erwarten muss, und der Vater lachte wieder und schulte sie vom Rollstuhl aus, so gut das ging, in der Handhabung der Waffen, und das waren einige. Fallen hatte die Tocher als Kind schon mit ihm gebaut, darin sah er kein Problem.

Stefanie, seine Jägerin! Er wollte es nicht glauben zunächst, zögerte noch, wenn sie abends vor dem Kamin über die Hege mit der Büchse sprachen, aber es war so: Stefanie erlernte das Waidwerk, jeden Tag ein Stückchen mehr auch im Walde.

Die Sache mit der Jagd ging ihr hart ans Herz!

Als sie einmal mittags auf der »Eichenkanzel« über dem Rapsfeld saß, das vom Millionenheer emsiger Bienen bevölkert war und deren monotones Gebrumm ihr wie eine Ouvertüre, die nie geschrieben wurde, erschien und just in diese feierliche Stimmung hinein der leuchtend rote Bock mit dem Mehlgesicht und dem eng stehenden Gehörn aus dem wogenden Feld trat, da kam die bittere Reue wie ein schreckliches Gespenst in ihren Kopf und sie sagte leise: »Nein, nein, den reiße ich nicht aus dem Leben, wie Vater das verlangt«. Der Bock sollte nämlich ihr »Einstandsbock« sein.

Der junge Förster, der sich willig um die Kulturen kümmerte, mochte ihn haben als Dank für seine Treue, dachte sie. Der Vater gab ihm jährlich nur einen Schwächling und eine Geiß frei. Dieser Bock aber wäre eine Krönung seines Jägerlebens und sie, die klug und vorausschauend dachte, könnte sich auch in Zukunft auf ihn verlassen; Jagdneid war ihr fremd, dem Vater ihren Wunsch beizubringen, kam jedoch einem Bravourstück gleich.

Abends sagte sie das dem Vater gerade heraus, wie es ihre Art war und der schwieg, sah sie aber mit Augen an, die voller Zorn und Bitternis waren.

»Nicht heuer«, sagte sie beschwichtigend. »Er soll seine Masse noch einmal weitergeben, aber zum Ausklang der Jagdzeit im nächsten Sommer!« »So sei's denn«, murmelte der Vater widerwillig, denn das wuchtige, extrem dick geperlte Gehörn hätte er gerne an der eigenen Wand gesehen.

Die Sauen hatten Bauer Röders Maisfeld in einen Sturzacker verwandelt, und das an der viel befahrenen Chaussee nach Kohlerstedt.

Warum nicht unseren Acker nebenan, fragte sich Stefanie in purer Ratlosigkeit am Kaffeetisch? Die zehn Hektar Zuckererbsen für die Konservenfabrik neben Röders Acker boten sich doch an, aber die hatten die Sauen aus unerklärlichen Gründen verschont. Der Bauer Röder aber stand schon um halb elf vor der Türe und hielt gierig die Hände auf.

»Jetzt ist Schluss mit Ferien«, polterte er wütend, und sie hätte ihm gerne gesagt, dass sie seinen Trick mit der lohnenden Einnahmequelle lange schon durchschaut hatte: Mit der Zunahme des Schwarzwildes pflügten die kleinen Bauern immer mehr Brachen und Wiesen um und säten Mais. Für den hatten sie gar keine Abnehmer, und sie beteten inbrünstig darum, dass die Götter die Sauen in den Mais schickten, denn das brachte Schadensersatz!

Stefanie blieb die Höfliche, bot Röder einen Doppelkorn an und zahlte nach der Schätzung auf dem Felde, die sie zum ersten Male selbstständig durchführte, über dem Tarif.

Sie rief bei Förster Dillinger an, um ihn für einen gemeinsamen Ansitz zu gewinnen, aber die Frau am Telefon antwortete barsch und abweisend, ihr Mann solle sich gefälligst um die Tochter kümmern, die begreife nämlich in der Schule die Mathematik nicht und außerdem sei's mit der Jägerei jetzt genug. Die Stimme überschlug sich und brach dann mit einem tiefen Seufzer ab. War vermutlich an der Eifersucht erstickt, dachte Stefanie erschreckt? Auch das noch!

Mit klopfendem Herzen schulterte sie im letzten Sonnenlicht den Drilling des Vaters und stopfte in den Rucksack den wollenen Pullover, eine Decke und eine Flasche mit Grünem Tee.

Sie pirschte geräuschlos durch das lichte Altholz, in welchem die Habichte hausten, nahm die Kieferjugend in schnellem Schritt und saß noch vor der Tagesscheide auf der Kanzel neben Röders Maisschlag, auf dem nur noch einzelne Stangen gespenstisch in die aufgehende Nacht ragten.

Hinter ihr im Holz johlte der Waldkauz und in dunkler Ferne hörte sie ein Reh schrecken. Danach blieb die Nacht auffallend geräuschlos, bis auf das zarte Spiel des Windes, der immer wieder die Richtung wechselte.

Sie hatte auf Tontauben geschossen und auf bunte Scheiben, das Bündnis mit dem Tod aber war sie noch nicht eingegangen. Der schlich nun leise um sie herum, als sie droben auf der Kanzel saß; der Wind war sein kalter Atem und er griff mit eisigen Fingern nach ihrem warmen Tuch, in welchem sie plötzlich fror. Sie kauerte sich zusammen, vergrub sich in der Wolldecke und wagte kaum zu atmen – sie hatte Angst.

Den Tod aber vermochte sie nicht mehr abzuschütteln, als es unter und neben ihr knackte und raschelte.

Der Tod kam ihr näher, hob den Drilling hoch und drückte ihn hart und brutal an ihre Backe, als drunten in der unheimlichen Nachthelligkeit eine Sau durch den spärlichen Mais pflügte. Der Tod führte den Lauf, gebot ihr ruhig zu bleiben und nahm das Flimmern vor der Mündung weg.

Sie spürte ihr Herz im Halse pochen. Dann presste der Tod seine kalte Hand unerbittlich auf den Zeigefinger, der am Abzug lag, sodass sie ihn nach hinten zog.

Es war ein sauberer Schuss! Sie sah den dunklen Klumpen drunten im Mais und sie erlaubte dem Wind, der anstelle des Todes jetzt neckisch um die Kanzel hüpfte, die beiden Tränen auf ihren Backen zu trocknen.

Als die rechte Hand nicht mehr zitterte, schlürfte sie in kleinen Schlucken den heißen Tee ein und hielt sich strikt an die schonende Zeit nach dem Schuss. Den gesicherten Drilling hob sie auf ihre Knie, schnupperte an der Mündung. Ja, das ist der Geruch des Todes, dachte sie. Sie würde ihn nicht vergessen ihr Leben lang!

Sie gab sich selber den Bruch mit dem dicken Schweiß vom Loch im Blatt und als am Morgen ihre Dörfler die Sau auf einem Leiterkarren zu Hofe rollten, schritt sie mit würdigem Abstand hinterher.

Dem nachdenklich lächelnden Vater sagte sie, dass sie am Abend wieder hinausginge.

»Es sind noch einige, die ich von Röders Feld holen muss!«

Er fragte nicht nach ihren Gefühlen, betrachtete das als überflüssig, denn er sah in ihrem Gesicht das Auflodern der wilden Passion, die ihr Herz nun nicht mehr verlassen würde. Von heute an wird sie jagen, weil sie jagen muss, dachte er zufrieden, dieser war der entscheidende, der erste Schuss.

Revierjäger Widukind

In der Blütezeit seiner Jahre war Widukind Simon in Jägerkreisen ein hochgeachteter Mann, korrekt in allem, was er tat, und, da streng gegen sich selbst, gefürchtet bei jenen, die beruflich mit ihm zu tun hatten; er war Berufsjäger der Alten Schule.

Die Gruppe derer, die das Waidwerk als heiligen Auftrag am Wild pflegten, schrumpfte von Jahr zu Jahr und um das Ende des Zweiten Weltkrieges herum war zu befürchten, dass die »alte Garde«, wie sie in den Forstämtern genannt wurde, ausstarb wie das Auerwild im Spessart und die Haselhühner im Schwarzwald.

Die Alten vom Walde verbargen sich nicht hinter gewöhnlicher Straßenkleidung. Stets waren sie mit Stolz darauf bedacht »ihr Waidwerk« in Grün und Grau öffentlich zu repräsentieren, selbstverständlich mit dem silbernen Hirschgeweih am grünen, grauen, oder ausnahmsweise auch braunen Jagdhut mit grünem Bande.

Als Vorsitzender des Komitees für die Jägerprüfung achtete Widukind sorgsam darauf, dass seine Jünglinge im Jägerzeug erschienen, und als sich in der Landesregierung die »Weltverbesserer« mit der Lockerung der Kleiderpflicht für Forstbeamte durchsetzten, war er empört und klagte, dass man nun endlich den Forstmann nicht mehr vom Holzdieb unterscheiden könne, was ihm Tadel von höchster Instanz einbrachte. Das hinderte ihn jedoch nicht daran, Förster, die er im Walde in »Räuberzivil«, wie er das nannte, antraf, zu fragen, ob sie sich ihres Berufes schämten.

Widukind Simon war in aller Munde und sorgte, wann und wo immer er auftrat, für Unruhe. Erstaunlicherweise reagierte er auf Karikaturen, die ihn als verschrobenes Waldmännlein mit Zylinder zeigten, gelassen und schmunzelte sogar nicht selten; möglicherweise freute er sich darüber, wenn seine Kritiker ohnmächtig auf der Strecke blieben und sich deshalb dummer und billiger Angriffe gegen ihn bedienten – es blieb sein Geheimnis.

Sein Gehstock, ständiger Begleiter und innen hohl mit einem Glasröhrchen, das Hochprozentigen enthielt, war sein Markenzeichen und fehlte auf keiner der albernen Zeichnungen.

Widukind Simon war einer der Ersten, die spürten, dass sich zwischen dem klassischen Waidwerk und dem Forst eine zunächst noch untergründige Trennung vollzog. Die Förster, von Amts wegen darauf bedacht, den Wald gesund zu erhalten und Wildschäden von ihm abzuwenden, betrachteten die Jagd, so sie überhaupt selbst waidwerkten, als »Beiwerk«. Die Jäger dagegen interpretierten mit Passion den Dianageist, das »Hubertussyndrom« hinein – Kollisionen waren vorprogrammiert.

Dennoch zollten einige vom Holz dem Graubart Widukind Respekt und bewunderten seinen Elan, mit dem er »sein Waidwerk« an den Mann, an die Frau brachte, wobei ihm die Vorbereitungskurse zur Jägerprüfung sehr hilfreich waren.

»Schon im 16. Jahrhundert erkannte man den gestandenen Jäger in der Gesellschaft. Woran?« Das war die Standardfrage, mit der er den Lehrgang im alten Schulhaus zwischen Geweihen, Gehörnen und uralten Präparaten, die nur der Staub noch zusammenhielt, eröffnete.

Mit einem verschmitzten Lächeln um die Nase herum, das den Vollbart zu den Ohren hin etwas anzog, schritt er, die Hände auf dem Rücken haltend, ein paar Mal hin und her und beobachtete seine Jünglinge, ergötzte sich an deren Hilflosigkeit, baute sich sodann vor dem Pult auf, ergriff das Wasserglas, das immer bereit stand, mit der linken Hand und erhob es in Augenhöhe, während er die Rechte exakt an die Hosennaht presste.

»Sie prosteten sich mit der Linken zu, weil die Rechte schussbereit in der Nähe der Kurzwaffe blieb«, tönte er, und keiner der Anwesenden vermochte augenblicklich zu deuten, ob er sich amüsierte oder sich tatsächlich selber ernst nahm.

Fasste einer den Mut und bat um eine Erklärung, so verblüffte der alte Jägersmann mit bewundernswerter Geschichtskenntnis. Der Schneid entspringe wohl dem Brauchtum früherer Schützengilden, aus welchen sich später die Jägergemeinschaften und Hegeringe formierten, referierte er mit zunehmender Begeisterung, die seine Zuhörer stets mitriss und faszinierte.

Die Geschichte der Jagd, ihre Traditionen und die Entwicklung der Jagdwaffen gehörten ebenso zu seinem Grundsatzprogramm wie die Jagdsignale und die Musik. Er blies das »Fürst Pless« rein und klar und das große Parforcehorn mit Inbrunst und Gefühl. Erst ab der fünften Stunde befasste er sich mit der Wildbiologie, dem Schießwesen und dem Jagdrecht.

Widukind war Autodidakt und das erschwerte seine Position, denn die studierten Damen und Herren betrachteten seine Aktivitäten mit Argwohn und fast beleidigender Distanz. Schon damals galt als gebildet nur, wer das Diplom oder den Akademiker in der Tasche hatte. Einen, der die Natur von Kindesbeinen an erforschte und von Jahr zu Jahr mehr ein Teil von ihr wurde, auf die Jägerjugend loszulassen, erschien den Studierten abwegig, sodass sie bei jeder sich bietenden Gelegenheit versuchten, den trotz seiner Strenge beliebten Graubart ins Abseits zu befördern; in den Jagdmitteilungen und auf Plakaten zu Jagdveranstaltungen erschien Widukind Simons Name niemals, denn dieses Feld beherrschten die »Gelehrten«. Widukind lächelte darüber und niemand vermochte zu sagen, ob er im Innersten unter der Arroganz seiner Umgebung litt oder großherzig darüber hinwegsah.

Was die »obere Kaste« so wütend und hilflos machte, war Widukinds große und stetig zunehmende Gefolgschaft, denn das »dumme Fußvolk« hatte sehr schnell begriffen, wer wahrhaftig Qualität in der Naturvermittlung anbot! Das hatten schließlich auch höhere, übergeordnete Instanzen erkannt und so sammelte Widukind Simon im Verlaufe einiger Jahre viele stolze Ehrenpreise und Urkunden, die er mit berechtigtem Stolz an der großen Wand seines Wohnzimmers anbrachte; die heimtückischen Neider aber blieben.

Revierförster Rödel, der für die Holzwirtschaft jenes Revieres verantwortlich zeichnete, das Widukind Simon betreute, bewegte mehr und mehr die Frage, warum sie diesen wunderbaren, wenn zeitweise auch etwas schrulligen Mann so hart und bösartig angingen?

Er, Ludwig Rödel, sprach in Hochachtung von Widukind, denn er hatte im Verlaufe seiner 25 Dienstjahre keinen im Hegering kennengelernt, der ein so sauberes und anständiges Waidwerk betrieb wie der Widukind.

»Manchmal habe ich ihn beneidet«, sagte Ludwig Rödel einmal nach einer Feldjagd, die nach dem ersten Treiben im eisigen Regen ertrank und von Widukind mit den Worten abgeblasen wurde: »Das steht gegen das Wild!«

Von den völlig durchweichten Schützen war nicht die Rede! Widukind aber stapfte danach noch zwei Stunden kreuz und quer über die Äcker, bewaffnet mit seinem Gehstock und begleitet von seiner

Münsterländer »Dora«, weil er wachen Geistes vernommen hatte, dass es am Rande des Tales zu Beginn des Treibens ein paar »Patzerschüsse« gegeben hatte. »Ein verluderter Hase ist eine Jägerschande«, schimpfte er.

Unverheiratet hatte Widukind Simon Zeit, viel Zeit fürs Revier und da er bei seinem Jagdherrn, einem Industriellen aus dem Ruhrgebiet, hoch im Vertrauen stand, erlaubte dieser ihm das Bewohnen der Jagdhütte im Berg, wann immer er das für hegenotwendig hielt. In munterer Regelmäßigkeit waren das die Sommermonate, wenn überall das Jungwild auf wackeligen Läufen stand. Das war für streunende Katzen und stöbernde Hunde allerdings eine Schreckenszeit, denn Widukind Simon war gnadenlos, wenn er Streuner, welcher Art und Herkunft auch immer, 500 Meter vom Dorf entfernt antraf.

In Streunerkreisen musste sich das im Laufe der Zeit herumgesprochen haben, denn die Katzen am Dorfgraben sprangen mit riesigen Fluchten bereits in die schützenden Hausgärten, sobald Widukind das Dorf in Richtung Wald verließ.

Das Rehwild stand in einem gesunden Geschlechterverhältnis und das Schwarzwild hielt er kurz, und dank seiner weisen Vermittlung bekamen die geschädigten Bauern als Sonderleistung zum Schadenersatz jährlich Wildfleisch für die Küche.

Als er die Hasenjagd drei Jahre lang ruhen ließ und der Bestand der Langohren sich zusehends erholte, zeterten die Reviernachbarn, es gebe zu viele Hasen, weil der Simon zu faul sei zum Schießen.

Es gab ein paar Männer im »Grünen Lager«, die Widukind die Treue hielten. Ludwig Rödel gehörte dazu, der rundliche Bäcker Ellert, der hagere Kohlenhändler Wichtchen und der singende Apotheker Friedrich und diese verstanden das Leben nicht nur als zu duldendes Trübsal, sondern alle waren sie von Natur aus Freunde des Frohsinns und des Lachens. Schelme waren sie, die etwas von ihrem kindlichen Gemüt ins Alter hinein gerettet hatten. Sie foppten sich untereinander, wann immer sich die Gelegenheit dazu bot, scheuten sich aber auch nicht, andere, vor allem jene, die ihre Nasen zu hoch trugen, zu necken, wobei Jagderlebnisse, die sie zum Besten gaben, nicht selten mit deftigem Jägerlatein angereichert wurden.

Ludwig Rödel erinnerte sich schmunzelnd einer Aufregung auf dem Dorfplatz. Zu keiner Zeit gab es in der Gegend Kreuzottern! Im »Steinhag«, der seinen Namen den terrassenförmigen Lesestein-ansammlungen verdankt, sonnten sich von April bis September Eidechsen, Blindschleichen, seltener Glattnattern, aber die fürchtete niemand, und auch die Ringelnattern, die hin und wieder ihre Eier in den Komposthaufen der Bauerngärten ablegten, blieben unbehelligt; man ekelte sich vor ihnen, ließ sie jedoch am Leben.

Dann aber war das Unfassbare geschehen! Genau zur Heidelbeerreife an den sonnigen Waldhängen hatten sich von einem zum anderen Tag Kreuzottern dort eingenistet. Widukind selber brachte die Schreckensnachricht zum Bürgermeister, der umgehend den Gemeinderat informierte. Warnschilder mussten her, dreieckige, weiße Schilder mit breitem, grünem Rand und der schwarzen Aufschrift: »Vorsicht – Kreuzottern!«. Die malte noch am selben Tag der Kohlenhändler Wichtchen, der sich darauf verstand.

Noch bevor die Heidelbeeren ihre verlockende dunkelblaue und glänzende Färbung annahmen, schockierte ein drohender Schilderwald die Leute, die mit Körbchen und Eimern auszogen, um ihr schmales Haushaltsgeld mit ein paar Kilo leckerer Waldfrüchte aufzubessern. Enttäuscht kehrten sie um. Dass Kreuzotterbisse lebensgefährlich sind, wussten sie noch aus ihrer Schulzeit, das hatte der Lehrer ihnen beigebracht.

Widukind Simon aber saß mit ausgestreckten Beinen auf der Holzbank vor der Hütte im Berg und zog genüsslich an seiner dunklen Havanna und lächelte zufrieden in den grauen Bart hinein. Widukind Simon hatte an einem einzigen Tag erreicht, was seinem Jagdherrn in drei aufreibenden Pachtjahren nicht gelungen war: Er hatte die kleine Wildruhezone im Handstreich um 40 Hektar erweitert! Niemand im Gemeinderat würde es wagen, das Fußvolk des Dorfes einem Schlangenbiss auszusetzen …

Nach einem schillernden Artikel in der Lokalpresse, deren Redakteure stets gierig nach Sensationen lechzten, meldete sich in Gestalt des Kreisnaturschutzbeauftragten bei Revierjäger Widukind Simon Unheil an. Wo denn bitte schön die Beweise für das plötzliche Kreuzottervorkommen seien, wollte der energische Herr vom Landratsamt wissen.

Widukind Simon hatte sie! Er bat den feinen Herrn, mit zur Hütte hinaufzusteigen – zwei Stunden des Weges müsse man einkalkulieren, aber an der Hüttenwand neben dem Kamin habe er zwei »Natterhemden« mit eindeutiger Zeichnung aufgehängt. Der Mann vom Amt ging auf den Vorschlag ein und bereute seinen Entschluss bereits nach der ersten Stunde des Aufstiegs …

Als Ludwig Rödel die beiden auf halber Höhe antraf, vermochte er sich zunächst keinen Reim darauf zu machen, warum Widukind, wollte er zur Hütte, diesen gewaltigen Umweg lief, Widukind aber zwinkerte ihm zu und presste einen Finger auf den Mund. Ludwig Rödel ahnte, dass der Graubart wieder eine Posse ausheckte, und ging kopfschüttelnd seines Weges.

Droben schweißdurchnässt angekommen, besah sich der völlig erschöpfte Naturschutzmann die »Natterhemden«, ein grauschwarzes einer »Höllenotter« und ein rotbraunes, lobte Widukind ob seiner aufmerksamen Beobachtung und bat um eine kleine Ruhepause auf der Holzbank vor der Hütte mit Blick über die milden Waldberge des Spessarts.

Widukind brühte einen starken Bohnenkaffee, gab einen Schuss Kirschlikör hinzu und war in dieser sonnigen Stunde der glücklichste Jägersmann im Lande.

Sein Glück lag darin begründet, dass der Naturschutzmann zwar die Gesetze und Paragrafen im Kopfe hatte, von Schlangen aber nichts verstand. Die »Natterhemden« nämlich hatte der Widukind aus dem Teufelsmoor mitgebracht, wo er als junger Jäger Kreuzottern für ein Hamburger Institut mit bloßen Händen fing.

Erstmals schwiegen die Förster zu Widukinds Streichen, denn sie alle sahen das gewöhnliche Fußvolk ebenfalls nicht besonders gerne im Walde umhersteigen.

Der »Heidelbeerwald« blieb Kreuzottergebiet noch viele Jahre, gedieh und seine Unberührtheit veranlassten Schwarzspecht, Hohltaube und Sperlingskauz, dort zu siedeln, und jährlich zur Heidelbeerreife stellte sich auch das Auerwild ein; es konnte ungestört Nahrung aufnehmen, die gab es im Überfluss.

»Widukind-Wald« scherzte der Jagdherr, und der Forstmeister von nebenan überlegte, ob man im herrlichen Bannwald im Tal, dessen Boden mit riesigen Bärlauchteppichen bedeckt war, die Kreuzottern »ansiedeln« könne? Dass die Spaziergänger dort nicht auf den Wegen und Pfaden blieben, störte ihn jahrelang schon.

In einem verregneten, kalten November legte Widukind Simon sich nieder.

»Der Jäger stirbt im Wald, nicht im Bett«, hatte er stets gepredigt und so wehrte er sich mit allen in ihm noch rebellierenden Kräften gegen den »Sensenmann«, der tagelang um sein Haus herumschlich.

Er kam wieder auf die Beine, war aber nicht mehr der alte, schlitzohrige Graubart, den sie liebten und fürchteten.

»Die Ohren«, klagte er. »Ich höre den Finkenschlag nicht mehr und auch nicht das Gackern meiner Hühner!« Auch das rechte Auge, sagte er, habe zeitweise einen Schleier.

»Hahn hat Ruh'«!

Es musste für ihn, den passionierten Waidmann, ein fürchterliches Eingeständnis gewesen sein, als er eines Abends Ludwig Rödel im Forsthaus aufsuchte und ihn bat, die Jagdaufsicht für einige Wochen zu übernehmen, »bitte so lange, bis die Sache vom Jagdherrn geregelt ist!«

Ludwig Rödel war erschrocken, kannte den »Wildling«, wie Widukind sich selber zu nennen pflegte, nicht wieder. Blass, mit eingefallenen Wangen, zotteligem Bart und unruhigen Augen, in denen es unheimlich traurig flackerte, stand er in der Tür und hielt sich an der Klinke fest. Waidwund ist er, durchfuhr es Rödel und er bat ihn, Platz zu nehmen im Sessel am Fenster.

Wer nun aber dachte, die Ära Widukind sei zu Ende, der hatte sich gewaltig getäuscht! Der alte Graubart hatte die Waffen zwar gestreckt, seinen Wald aber gab er noch nicht auf. Kein Wetter vermochte ihn in der Stube zu halten und so sah man ihn in gepflegter Jägertracht auch weiterhin im Revier.

Zuerst fiel den Waldarbeitern auf, dass Widukind mit seinem Gehstock Zielübungen vollführte. Er legte auf Blätter und Zweige an, zielte aus dem Stand heraus auf vorüberfliegende Tauben oder abstreichende Enten oder an der Koppel im Anschlag am Weidepfahl auf Bauer Pohlmanns Kühe; sie hörten sein »Peng« oder »Tschitt« oder »Pschtt.«

Der Bürgermeister sah ihn beim »Apfelschießen« und der Apotheker amüsierte sich, als Widukind grinsend auf Lehnchen Ritters Po anlegte, als dieses im Garten an der Straße die Wäsche über die Leine hing.

»Mir fehlt der Widukind draußen, die Sauen rauben mir den Schlaf«, stöhnte Ludwig Rödel. Immer noch suchte Widukinds Jagdherr vergebens den geeigneten Nachfolger für die Revieraufsicht. Einige Anwärter hatte er sich angesehen, aber keiner schien ihm geeignet. So also hielt Ludwig Rödel sein Versprechen und rückte mit getrübter Leidenschaft täglich den in der bäuerlichen Frucht im Gebräch stehenden Sauen auf die Schwarte.

Im stillen Nachmittag eines goldenen Septembertages, nur ein Rotkehlchen lispelte im Haselstrauch, beobachtete er von der Kanzel aus Widukind, der mit seinem Gehstock an einem abgestellten Leiterwagen in Anschlag ging und auf etwas zielte, das sich hinter der kleinen Schlehenhecke bewegen musste.

Langsam fuhr Rödel mit dem Glas am Ackerrand entlang und entdeckte einen Überläufer, der sorglos die vom Regen aufgeweichte Wiesenscholle aufbrach; es schien ihn nicht zu kümmern, dass tags zuvor an derselben Stelle zwei seiner borstigen Sippschaft zur Strecke kamen.

Für Widukind stand der Wind günstig und Ludwig Rödel hockte darüber. Er sah, dass Widukind mit seinem Stock die Sau anvisierte und das tat Ludwig Rödel nun auch mit seiner Sauer 90, suchte das Blatt und ließ fliegen.

Widukinds gealterte Ohren hatten den Knall nicht vernommen, er stand aber minutenlang wie erstarrt und schaute auf die Sau, die tot im Gras lag. Dann lief er langsam hinüber, besah fachmännisch das schwache Stück und immer wieder den Gehstock. Ludwig Rödel erkannte, dass er mit dem Zeigefinger des Gehstocks Spitze betastete und schließlich eilig davonlief.

Der Sohn Karl holte den Überläufer mit einem Sackkarren vom Felde, während Ludwig Rödel auf der Kanzel in erhabener Ruhe eine Pfeife rauchte und das sternebestickte Dunkel der Herbstnacht abwartete. Seinen Schuss würde er verschweigen.

Widukind Simon erschien am nächsten Tag bei Apotheker Friedrich und legte seinen Gehstock auf den Tisch.

»Was ist das«, fragte er den erstaunten Mann?

»Dein Gehstock, was denn sonst«!

Widukind verschwand kopfschüttelnd und tauchte eine Stunde später beim Kohlenhändler Wichtchen auf, dem er den Gehstock unter die Nase hielt.

»Was ist das?«

Wichtchen glaubte an einen der widukindschen Scherze und antwortete prompt: »Deine Doppelflinte!«

Nach dieser Begegnung hängte Widukind Simon nun auch seinen Gehstock an den Haken neben Drilling, Bockbüchsflinte und Jagdhorn.

Der markante Gehstock aus Walnussholz war es, der Ludwig Rödel bewog, die Geschichte von Widukind Simon bei seiner Verabschiedung aus dem Forstdienst zu erzählen; er hatte den Stock am efeuüberwucherten Grabstein entdeckt, wo Widukinds Sohn Karl ihn gegen den Willen des Pastors mit zwei verzierten Messinghaltern befestigt hatte.

»Sah seltsam aus«, sagte Ludwig Rödel, »aber ich erinnerte mich der Grabstätten auf Bergsteigerfriedhöfen: Dort hatte man Eispickel, Bergstöcke, Schuhe, ja sogar Bergseile der Verstorbenen kunstvoll platziert. Aber nachdenklich stimmte mich doch, was der Sohn mir sagte.« Ludwig Rödel blickte finster drein.

»Als sie den Papa hinuntergelassen haben in die Erd', da sind sie alle am Grab gestanden mit Blumen in den Händen, alle, auch die vom Jagdrat und die von der Direktion, und die haben gedacht, dass ich ihre Heuchelei nicht merke, so dumm sind die.« Ja, das hatte der Karl so gesagt!

Die Jagerische

Die Dörfler nannten sie die Jagerische und das war keinesfalls abwertend gemeint. Die Bezeichnung barg etwas Geheimnisvolles, war Achtung vor einer Leistung, die sie nicht einzuordnen vermochten in ihr tägliches, in jahrhundertealten und bewährten Bahnen verlaufendes Leben, das sich zwischen Aussaat und Ernte, Geburt und Tod bewegte und kalendergetreu nach den Jahreszeiten ablief.

Vielleicht war auch eine untergründige Furcht dabei, verknüpft mit der niemals ausgesprochenen Frage, ob die Lisbeth überhaupt normal sei?

Jäger, das waren immer Männer, harte Typen mit wettergegerbten Gesichtern, trinkfest und unerschrocken und sicher im Umgang mit der Waffe, der langen, der kurzen und der blanken.

Für Herbert Rüder und seine 500-Hektar-Jagd war die Jagerische ein Glücksfall, um den ihn in den Nachbarrevieren einige Leute beneideten; die aber waren feige, das öffentlich einzugestehen.

Seit die Lisbeth die Jagdaufsicht übernommen hatte, tat sich etwas in den Jagen acht und zehn, die zu fast gleichen Teilen aus Laubmischwald, Kiefern- und Fichtenjugend und saftigen Waldwiesen mit gemischtem Unterholz bestanden.

Einer aber im Dorf tat alles, um die Lisbeth unmöglich zu machen, das war der Ludewig Höflinger, der in dem hellgrünen Holzhäuschen an der Brücke wohnte, das durch den total verwilderten Garten auffiel, wenn man von Bollerhagen her kommend nach Döbel fuhr.

Unzertrennlich waren sie früher, der Ludewig und die Lisbeth, und als sie beide am selben Tage eingeschult wurden in die zweiklassige Dorfschule, jeder mit einer riesengroßen Brezel, die sie kaum tragen konnten, und einer ebenso riesigen Schultüte, da sagte der Ludewig, dass er die Lisbeth, die er Lissi nannte, einmal heiraten werde.

Später dann, als beide in die Lehre gingen, begegneten sie sich mit hochroten Köpfen und noch viel später, als die Lisbeth im Dorf erzählte, dass sie Jägerin wird, machte der Ludewig stets einen großen Bogen um sie herum und er schrieb ihr eines Tages einen gehässigen Brief, in welchem er sie beschimpfte, eine eingebildete Gans zu sein, die nur jagen wolle, um in den besseren Kreisen mitreden zu können. Eine Frau gehöre in die Küche an den Herd und sie sei als Weib und Mutter geboren, nicht als Tiermörderin! Fünf Seiten umfasste der Schmähbrief, in den er seine ganze Bitternis über Lisbeths Eigensinn hineinschrieb: Enttäuscht war er, der unschickliche Ludewig.

Die Lisbeth hatte den bösen Brief nicht beantwortet; der berührte nicht die Tiefe ihres Herzens und die Leute vom Dorf interessierten sie auch nicht, denn die wurden von Jahr zu Jahr bequemer und fauler und bekamen kaum noch den Mund auf, wenn sie sich trafen. Und der so viel gepriesene Fortschritt half tüchtig mit, die Menschen zu verfälschen, ohne dass sie das merkten. Einige hörten auf, die Tageszeitung zu lesen und jene, die einst beim Hörspiel am Radio ihre

Fantasie geschult und ihr freien Lauf gelassen und damit den Geist gepflegt hatten, waren nun die ersten, die in kürzester Zeit ihres Daseins die ekeligsten Schmiersendungen im Fernsehen als Klassiker lobten und schon frühmorgens in das Fernsehgerät hineinkrochen.

Die Lisbeth hielt es mit der Natur, denn sie verstand die Welt nicht mehr.

Und ihr Lehrmeister in dem kleinen Kolonialwarenladen an der Ecke, den sie liebevoll „Tante-Emma-Laden" nannten, hatte seinerseits Probleme damit, die Lisbeth zu verstehen, denn Wald und Wild waren ihr wichtiger als das Geschäft und die Kundschaft.

Lisbeths Dasein war vom Ärger geprägt, den sie unbewusst, man wusste das nicht so genau, in ihrem Umfeld selber auslöste. Die Eltern drohten ihr mit dem Rausschmiss und Herr Lüdemann vom kleinen Laden mit einem schlechten Zeugnis. Nur Herbert Rüder, dem die Jagdgöttin Diana gut gesonnen war, jubelte innerlich und spornte die Lisbeth mit vielen lobenden Worten zu immer neuen Taten an.

Die Jägerprüfung hatte die Lisbeth mit Bravour bestanden und das rief die alten, zum Teil zerknitterten Grünröcke auf den Plan. Ein Weib, das besser war als ihre Buben und klüger und weitsichtiger als sie selber, das passte nicht in ihr Verständnis vom Waidwerk!

»Wenn du nach der Jagd im Hüttendampf nicht mehr furzen kannst, weil so 'ne ›Parfümjule‹ dabei ist, dann kannst du die Flinte an den Nagel hängen«, grölte der Albert Thaler, der in der Jägervereinigung für das Schießwesen verantwortlich war, und Kord Jost vom Bläserkorps schlug mit vor Erregung rotem Gesicht vor, die Satzung dahingehend zu ändern, dass »Flintenweiber« bei der Jagd nur als Hilfskräfte eingesetzt würden, die das gestreckte Wild zu zerlegen und für das Wohl der gestandenen Jägersmannen zu sorgen hätten: den Schnaps ihnen zu reichen mit verführerischem Lächeln im Gesicht und mit kätzchenhaftem Schnurren beim Schüsseltreiben die dampfende Erbsensuppe hinzustellen.

Kord Jost versuchte, seinem Vortrag einen humorvollen Hauch zu geben, was ihm aber kläglich misslang. Das blanke Entsetzen über die zukünftige »Weiberjagd« brach aus ihm heraus und ließ die Worte nur zitternd und bebend über seine Lippen kommen.

Es half nicht, dass der greise Jägermeister Rödelbauer, dessen Frau Erna zum zweiten Male Schützenkönigin geworden war, die aufgebrachten Hubertusjünger zu beschwichtigen versuchte. Sie erregten sich bis weit in die Nacht hinein über die »Flintenweiber«, die man mit allen Mitteln verhindern müsse!

So blieb es nicht aus, dass sie der Lisbeth das Jägerleben schwermachten, wann und wo immer sie dazu eine Gelegenheit fanden; im grünen Jagdrock waren sie über Generationen hinweg die kleinen Götter gewesen, die sich mit Wonne an den bewundernden Blicken der Frauen labten. Diese Sonderstellung wollten und durften sie nicht aufgeben!

An einem Junitag, den die Sonne verwöhnte, so um die zweite Nachmittagsstunde herum, quälte sich der schwere Wagen, der für Geländefahrten nicht geschaffen war, den nassen Hohlweg hinauf und blieb prompt in einer Senke hängen, nachdem die Ranken einer Wildrose dem schwarzen Lack auf voller Wagenlänge eine surrealistische Zeichnung verpasst hatten.

Aufgebläht vom Zorn kroch Thadäus Wüsling, dem die Jagd nebenan gehörte, aus seinem blechernen Heiligtum und verfluchte lautstark den Bürgermeister und die »Grünen« im Gemeinderat, die sich seit Jahren weigerten, dem verwilderten Hohlweg eine Rollbahn aus Asphalt zu verschreiben.

Heftig trat er gegen die Reifen, trommelte mit den Fäusten auf das Wagendach, als sich Lisbeths Rover talwärts durch den Hohlweg schob und vor dem tobenden Wüsling anhielt.

Die Jagerische, die hatte ihm noch gefehlt in seinem Unglück! Die Vielgeschmähte aber stieg lächelnd aus.

»Wo kann ich die Winde ansetzen, Herr Wüsling?«

Sie hielt das Drahtseil schon in den Händen. Ein paar Sekunden lang stritt Thadäus mit dem Teufel, wollte losbrüllen, um die aufkommende Scham zu unterdrücken, denn er war es, der abends zuvor drei Kartoffeln in die Auspuffröhre ihres Rovers gesteckt hatte.

»An der Achse«, murrte er kleinlaut mit hochrotem Kopf und kniete sich in den klebrig schwarzen Dreck. Ganz behutsam ließ die Lisbeth die Winde anlaufen, der Rover bebte und knarrte und hob zitternd sein Hinterteil, zog aber kraftvoll des Wüslings schwarze Karosse aus dem Graben. Im Rückwärtsgang schleppte der Rover den »Adligen der Chaussee« auf festen Boden und Thadäus Wüsling überwand mit innerem Schmerz den Schweinehund in seinem Leib und reichte der Lisbeth die Hand.

»Das war knapp«, stammelte er und fragte, was sie denn mit den blanken Brettern zu bauen beabsichtige, die auf der Ladefläche des Rovers lagen?

»Wir verlegen die Rotwildfütterung vom Jagen acht ins Tal, müssen die Tiere im Winter vom Bergwald fernhalten, um die Schälschäden zu verringern«, antwortete sie frohgelaunt, wohl wissend, dass Thadäus Wüsling jahrzehntelang mit dem Rotwildring im Streit lag, weil die Hirsche im Sommer bei ihm im Schaden standen, zur Brunft aber auf die Höhen in das Rüder-Revier zogen, wo ihre Brunftschreie wie ein Hohngesang zu Wüsling herüberschallten. Er würde niemals ein stolzes Geweih auf das Brett bekommen.

Er murmelte etwas und hüpfte wie ein Harlekin um seinen Wagen herum, Bewegungen, die seiner Wut die Schärfe nahmen.

»Der Grenzbock am ›Rieschen‹, der mit den schwarzen Stangen, ist ein Schonbock. Ich hoffe, dass Sie das auch so sehen, Herr Wüsling?« Lisbeth nutzte die Gelegenheit, ihn an die Vereinbarung im Hegering zu erinnern.

»Sehe ich auch so, der hat Masse«, sagte er wider Erwarten.

»Aber was nützt es denn, wenn ich ihn schone und der Herbert Rüder knallt ihn ab, der schießt doch immer die Besten«, fügte er verbittert hinzu.

»Nein, nein, Herr Wüsling, die Besten hängen in den Hütten der Nachbarreviere«, konterte die Lisbeth, und der Thadäus Wüsling verkroch sich schweigend in seinen Wagen und tuckerte waldwärts davon.

Nun wäre der Tag für die Lisbeth ein schöner geworden, wenn da nicht der Wassermüller Kasimir Thorwald gewesen wäre, der just in dem Moment auf einen abstreichenden Habicht anlegte, als die Lisbeth über die Brücke fuhr.

»Wenn Ihr die Habichte nicht ausrottet, mach' ich das!«, schrie er sie an und fuchtelte mit der Flinte furchterregend umher.

»Die elfte in acht Tagen!«, brüllte er im Zorn, den er nicht mehr in der Gewalt hatte, und zeigte auf die Reste einer weißen Henne, die neben der kleinen Brücke lag.

»Freilaufende sind immer gefährdet«, sagte Lisbeth. »Man müsste Draht über den Auslauf spannen.«

»Und wer bezahlt mir den?«

»Ich, ich mache das!«

Lisbeth versuchte ruhig zu bleiben, erkannte die Wirkung ihrer Worte. Der Thorwald schulterte die Flinte und schritt ihr entgegen.

»Willst du mich veräppeln?«

»Nein, nein, Herr Thorwald, morgen Abend haben Sie den Draht und dann schießen Sie nicht wieder auf die Habichte, die haben auch ein Lebensrecht und wir sind froh, den Horst in unserem Revier zu wissen!«

Vor einiger Zeit hatte sie im Hof des Altmetallhändlers Brinkmann in Bollerhagen angerostete Maschendrahtrollen gesehen. Für einen Hasen im Herbst nach der Treibjagd gab Brinkmann sie her und schon fuhr Lisbeth acht Rollen besten Maschendrahtes zum

Wassermüller Kasimir Thorwald. Schon tags drauf legte sie mit Thorwalds Sohn Frieder den Maschendraht und einen Tag später saß das Habichtweibchen stundenlang wie erstarrt auf dem nahen Apfelbaum und besah sich die „amerikanischen Leghorn«, die unter dem Draht nun ein furchtloses Dasein führten.

Die Rotwildfütterung war Ende Juni aufgebaut. Die Topinambur-Pflanzungen an den Wegrändern standen üppig im Wuchs, und Herbert Rüder ergötzte sich am Anblick des kapitalen Bockes, der erhobenen Grindes, auf dem ein reich geperltes, schwarzes Gehörn protzte, unbeschadet den »kleinen Grenzverkehr« nutzte, denn dank Lisbeths Mahnung trachtete auch der Thadäus Wüsling nicht nach seinem Grindschmuck, dachte der Herbert Rüder.

Ben Faller, der als Förster vom Staatlichen die Jagen acht bis zehn im Rüderschen Revier betreute, erzählte eines Abends im »Krug«, dass gewildert werde.

»Der Dreckskerl ist mit der Büchse unterwegs, pass auf deine Jagerische auf«, hatte Faller gemahnt, und der Herbert war kurzzeitig blass geworden um Mund und Nase und lief in den folgenden Tagen mit faltiger Stirn und ängstlichen Augen umher, bis die Lisbeth ihn darauf ansprach.

»Ist's die Wilderei, die Ihnen das Leben so schwermacht?«

Der Herbert Rüder musste sich hinsetzen.

»Ja«, sagte er. »Seitdem ich das weiß, habe ich keinen Schlaf mehr, ich trage die Verantwortung für dich!«

Lisbeth lächelte.

»Keine Sorge, ich pass auf! Gewildert wird auch im ›Rieschen‹, ich wollte ganz sicher sein, bevor ich es sage, aber Faller hat mir geraten, abends und nachts besonders vorsichtig zu sein. In den Föhren fand ich Aufbruch und frischen Schweiß vom Reh, und die Dora ging 200 Meter changierend bis zum Gestell, dann verlor sie die Spur.«

»Ich informiere die Polizei noch heute«, sagte Herbert Rüder.

Sie waren nachdenklich geworden, aber Lisbeth dachte nicht daran, Pirsch und Ansitz einzuschränken. Vorsichtiger war sie geworden und zum Ansitz schnallte sie den Revolver, obwohl ihr Vertrauen in den leichten Repetierer grenzenlos war.

Die hellen Sommertage gingen dahin, viel zu schnell, dachte Lisbeth mit etwas Wehmut.

Zur »Öffentlichen« des Gemeinderates ging sie an diesem Abend mit gemischten Gefühlen. Es lag etwas Bedrückendes in der Luft, aber sie wusste ihre Furcht nicht einzuordnen. Sie sah die alten Herren drüben an der Wand in einer Reihe sitzen wie die Hühner im Stall auf der Stange, exakt im Abstand die Hackordnung einhaltend, und sie vernahm die piepsige Stimme des Bürgermeisters, die zur Wortmeldung aufforderte.

Da war sie wieder mutig, stand auf.

»Ich bin noch immer gegen die Asphaltierung des Hohlweges am ›Rieschen‹! Die Versiegelung bester Landschaft ist unverantwortlich und ist eine Schande an der Natur«, sagte sie erregt zu den »Hühnermännern auf der Stange«, deren einige ruckartig in ihren Sesseln verschwanden, als erwarteten sie augenblicklich den Einschlag eines harten Gegenstandes.

Bleich war die Lisbeth in ihrem Gesicht, selber zutiefst erschrocken über ihren plötzlichen und heftigen Wutausbruch. Der Bürgermeister lächelte.

»Aber Lisbeth, wer will denn den Hohlweg asphaltieren? Thorwald und Wüsling haben vorhin ihren Antrag zurückgezogen. Befestigen sollten wir den Weg, er ist viel befahren, über das Wie lässt sich diskutieren«, sagte er beschwichtigend. Die Lisbeth war zufrieden, sie hatte zweimal gewonnen und mit Wüsling und Thorwald gefährliche Gegner ausgeschaltet; Höflichkeit, gepaart mit Hilfsbereitschaft sind eine kluge Kombination, dachte sie glücklich, als sie spätabends in ihre Kammer eintrat.

Aber ihr Glück währte nicht lange, das Schicksal wollte es anders.

Als in der hohen Zeit des Sommers überall im Revier die Fluren der Weidenröschen ihre roten Kleider anlegten, um den Vorboten des Herbstes, die in Gestalt lockerer Nebel durch den Wald geisterten, zu imponieren, saß die Lisbeth am Grenzgestell an und lauschte den Goldhähnchen und den Meisen, die emsig durchs Gezweig flatterten. Es war einer dieser Abende, die nie enden dürften, erfüllt vom Duft reifer, nasser Gräser und dem zarten Gewisper durchs Holz kräuselnder, lauer Winde.

Der Schuss im »Birkenschlag« zerriss brutal den Waldfrieden, und die Lisbeth hatte sich im Schreck am Holmen der Kanzel festgehalten: Der war in ihrer Nähe gefallen!

Noch bevor sie einen klaren Gedanken fassen konnte, vernahm sie Schritte auf dem Dürrlaub unter der Kanzel, erkannte einen Mann, der gebückt im Strauchwerk gegenüber verschwand.

In einer gefährlichen Mischung aus Wut und Verzweiflung legte sie Tasche, Rucksack und Mantel ab, packte die Büchse und stieg behutsam ab, lautlos dann Fuß vor Fuß setzend.

Sie folgte dem Geräusch brechenden Holzes, bog Zweige und Wurfgeäst sachte zur Seite, wartete, bevor sie weiterpirschte, bis die Zweige sich nicht mehr bewegten. Sie war sich der Gefahr bewusst, stärker jedoch war in ihr das Pflichtbewusstsein.

Im gelben Gras einer kleinen Lichtung, die einst der Sturm gerissen hatte, kniete Thadäus Wüsling über dem Grenzbock und war im Begriff, ihn aufzunehmen.

»Halt!«, schrie die Lisbeth aus Leibeskräften. Wüsling erstarrte. Dann legte er den Bock wieder ab und wandte sich der Lisbeth zu; nun kam wieder Leben in ihn.

»Meine Kugel traf den Bock drüben bei mir, glaub's mir, ich konnte ihn doch nicht verludern lassen bei diesem Wetter und bin ihm deshalb gefolgt!«

Hilflos sah er die Lisbeth an. Das Großmaul ganz klein, dachte sie.

Sie solle das mit der Grenzverletzung dem Herbert Rüder nicht erzählen, es wäre ihr Schaden nicht, stammelte er verlegen.

»Das ist nicht nur Wilderei, sondern auch Wortbruch, Herr Wüsling, und das hier ist der Schonbock«, konterte Lisbeth wütend.

»Aber Jäger sind Kameraden, Mädel, verschweig das mit der Wilderei bitte«, flehte er angesichts seiner peinlichen Situation.

»Ich gehe bis zur Grenze mit ihnen und gebe ihnen dort den Drilling zurück«, sagte sie energisch, und Thadäus Wüsling hob den Bock auf die Schulter und lief vor ihr her zum Weg hinüber, der die Reviergrenze bildete.

»Sie beichten Morgen Rüder den erlegten Bock und geben ihm das Gehörn, dann habe ich nichts gesehen, versprochen? Der Bock gehört Rüder!« Wüsling nickte und sein Gesichtsausdruck zeugte von Erleichterung.

»Der Herbert wird mich zum Teufel jagen, aber ich mach's«, antwortete er gequält und nahm seine Waffe zurück.

»Die müsste ich einbehalten, das wissen Sie!«

Er nickte. »Vergess' ich dir nicht!«

Lisbeth fuhr mit beiden Händen über die dicke Perlung des starken, eng stehenden Gehörns, das die Lauscher nur um wenige Zentimeter überragte.

»Schade um den«, sagte sie bitter und lief zur Kanzel hinüber, um ihre Sachen zu holen.

Am Abend des nächsten Tages erzählte Herbert Rüder ihr, dass der alte Wüsling das Jagdversprechen nicht gehalten und den Schonbock nun doch erlegt hat. »Sein Leben lang treibt den Wüsling der Jagdneid um!«

Lisbeth nahm es gelassen auf: »Schade, jammerschade um beide!«

»Der Wilderer vom Jagen acht aber ist der Wüsling nicht, der ist zu feige«, sagte Herbert Rüder und schüttelte den Kopf.

Neuerdings grüßte Frau Wüsling schon von Weitem die Lisbeth! Neu war auch, dass der Wassermüller Thorwald seinen Wagen stoppte, wenn er der Lisbeth begegnete, und ein Schwätzchen mit ihr versuchte. Meist Belangloses, das die Lisbeth nicht interessierte; aber sie blieb immer höflich, hörte aufmerksam zu, wer konnte das noch in dieser verkommenen Zeit?

Während die Sorge um ihr Wild auf ihr Gemüt drückte – es war eine Zentnerlast, denn auf dem Berg droben wurde immer noch gewildert –, begegneten ihr die Leute vom Dorf täglich freundlicher, was vor allem den Herbert Rüder beruhigte. »Seine Jagerische« verstand es, nicht nur mit der Waffe sauber umzugehen, sondern auch mit ihrem Verstand. Sie war nicht nachtragend und das hatte sie allen Bollerhagenern voraus.

Nur der Ludewig Höflinger verzog das Gesicht immer noch zur widerlichen Fratze, wenn er sie sah. Seltsamerweise vermied er, auffallend für jedermann, die Begegnung, ja, er verließ sogar Hals über Kopf und grußlos den Kaufladen von Herrn Lüdemann, sobald die Lisbeth eintrat.

An einem stürmischen Oktoberabend, an welchem die Hirsche auf den Höhen am »Döbelholz« verschwiegen und das Unwetter von Westen her lärmend heraufzog, wollte es das Schicksal, dass die Lisbeth dem Wilderer begegnete.

Sie hatte den Ansitz auf der alten Kanzel am Jagen acht aufgegeben und war abgestiegen, als unweit im Stangenholz ein Schuss fiel; im Rauschen und Ächzen der Bäume ein unheimlicher Knall. Die grauen Wolkenfetzen, die durch das Holz fegten, tauchten die Schneise in ein abscheuliches Dämmerlicht, sodass Lisbeth nur verschwommen die Umrisse einer Gestalt erkannte, die aufrecht am Gestell entlangschlich, schnurgerade auf sie zu.

Der Mann bemerkte sie erst, als er nur noch wenige Schritte von ihr entfernt war. Das waren ihre schlimmsten Sekunden, die später nicht mehr nachzuvollziehen waren. Im Schreck sprang der Mann zur Seite, als Lisbeths Lampenstrahl ihn voll erfasste – es war Ludewig Höflinger.

Sie lebte, vermutlich, weil sie schneller war. Sie würde den Höflinger Ludewig anzeigen, noch heute in der Nacht, dachte sie, und am Morgen zur Tante Asgard in die Göhrde fahren, die dort eine kleine

Heidejagd betreute, Jägerin mit Herz und Seele wie sie; geplant war die Reise dorthin schon seit ein paar Wochen.

An Erholung war wohl nicht zu denken, denn die Tante wünschte eine neue Futterraufe fürs Rehwild, und die Fallenjagd auf den Fuchs erforderte ganzen Einsatz, aber mit Abstand vom Bollerhagener Revier hoffte sie, die Enttäuschung über den Ludewig besser verkraften zu können.

In die Enge getrieben und erkannt, hatte der Ludewig Höflinger sich noch in der Nacht im Polizeiamt gestellt, und als zur Mittagszeit bekannt wurde, dass dies ein Verdienst der Lisbeth war, begegneten ihr die Leute mit Respekt und Achtung. Fortan sprachen sie stolz von »ihrer Jagerischen« und der Jägermeister sagte abends im »Goldenen Schwan«: »Leute vom Schlage der Lisbeth braucht die Jagd«, und fragte kleinlaut in die Runde, »aber wo sind die?«

Wandas Wolf

Philip Suhl, zurückgekehrt von einer Jagdreise nach Polen, erzählte abends am Kamin die Geschichte der Wanda Valesko, einer passionierten Wildhüterin; ich versuche sie aufzuschreiben.

Die Brantenabdrücke auf dem Harsch waren breit und ihre spitzen Krallen hatten sich tief in den angefrorenen Schnee gedrückt, was auf ein gewichtiges Tier schließen ließ.

Wanda erinnerte sich, ähnlich starke Siegel zur Zeit des Herbstlaubes im Lehmbett der Inster an der Ostgrenze des verwilderten Parkwaldes derer von Lopowices gesehen zu haben und als sie Leo Istvan, der seit zwei Jahren das Forstamt leitete, die Spur zeigte, hatte der in seiner schlaksigen Art nur gesagt, man müsse dem Hund das Eisen stellen, bevor er die besten Stücke reißt.

Leo Istvan verwaltete das 3 000-Hektar-Revier vom Computer aus und hatte es zur Freude der Bezirksverwaltung fertiggebracht, innerhalb weniger Wochen den Wildbretpreis je Art nach dem gegenwärtig gültigen Kilopreis auszurechnen, wobei er den Bestandszahlen das Mittel der vergangenen Jahre zugrunde legte.

Für Leo Istvan war die Spur in der Inster die eines verwilderten Schäferhundes der Bauern, und der müsse schnellstens zur Strecke kommen, denn das Rotwild brachte Devisen, an deren Summe des Verwalters Fleiß gemessen wurde!

Wanda kehrte noch einmal an diesem grauen Wintertag, der dem eisigen Nordost den Wald freigab, an die tief genagelte Spur zurück, prüfte die Branten und vermaß sie mit dem lädierten Bandmaß, das sie stets mit sich führte. Die Vorderbranten brachten es auf knapp zwölf Zentimeter Länge und elf Zentimeter Breite, die der Hinterläufe auf neun und siebeneinhalb Zentimeter.

Die Kettenhunde der Bauern draußen im Kulturland waren rappeldürre Schwächlinge, die zwar die Zähne gefährlich fletschten, wenn Wanda auf den Höfen erschien, aber nicht einer von ihnen würde so eine Brantenstärke in den Schnee drücken, dachte sie.

»Ein Wolf«, murmelte sie, wobei es sie fröstelte unter der rissigen Lederjacke. Damals, als sie am Germanenstein den Schäferhund vom Ortsvorsteher Kalevsky erschossen, weil der zwei Rotkälber gerissen hatte, begann Wanda mit den Eintragungen in ein altes Schulheft ihrer Tochter Esra, und sie notierte alles und war überzeugt davon, dass es im Wald nichts Unwichtiges gibt!

Kalevskys Hund brachte es im normalen Lauf auf eine Schrittlänge von 70 Zentimetern. Wenn er der größte Schäferhund im Bezirk war, wie das Leo Istvan behauptete, dann müsste die Schrittlänge eines Wolfes um einiges weiter sein, dachte Wanda in quälender Neugier abends unter der Petroleumlampe.

Als die eisige Nacht der Orangesonne das Land übergab, war Wanda wieder an der Inster auf den Beinen. Am Rande des Holzes erschienen die Brantenabdrücke im Eis wie fein gearbeitete Kunstwerke aus Meisterhand.

Der letzte Schnee war vor zwei Tagen gefallen, in den Mittagsstunden der folgenden Tage aber unter der Sonne geschmolzen, die Spur also viele Stunden alt. Der Wolf war zunächst in lockerem Lauf aus dem Hochwald ausgewechselt und war dann in den Trab übergegangen, was für seine Vorsicht im offenen Gelände sprach; Wanda las das aus der unterschiedlichen Schrittlänge. Sie betrug am Waldrand 90, oberhalb des Baches dann 110 Zentimeter. Es gab keinen Zweifel, nach vielen Jahren war wieder ein Wolf in ihr Revier eingewechselt und was für ein stattliches Tier!

Wanda war sicher, dass sie einen alten, lebenserfahrenen Wolf fährtete, einen, der alle Kämpfe bestanden und alle Schlechtigkeiten der Menschen kennengelernt hatte, vielleicht in der Decke gar vernarbt war, dort, wo die Reißzähne der Artgenossen, der Hunde oder die Kugeln der Jäger ihn erwischten? Er passte seine Gangart der Umgebung an, das sprach für sein Alter.

Einen Kilometer bachaufwärts fand Wanda die letzte Gewissheit; ein Brantenabdruck stand tief im Lehm, den das Eis frei gab. Ihm fehlte die enge Stellung der beiden Vorderballen des Hundes.

Wanda ärgerte sich über sich selbst! Sie hätte die Spur Leo Istvan verschweigen müssen, denn sie kannte dessen tägliches Gefasel vom »sauberen Revier«, das den gut zahlenden Gästen die erfolgreiche Jagd mit allen Annehmlichkeiten zu bieten habe, höfliche, aber nicht gut bezahlte Lakaien eingeschlossen.

Leo Istvan hatte nur das Geschäftliche im Kopfe und das bedeutete für Wald und Wild nur Unheil. Wanda war ein schlichter Mensch, der zu gehorchen hatte und dessen Meinung nicht gefragt war. Wenn sie wieder einmal grübelte und traurig war über die seltsame Demokratisierung in den Forststuben, mied sie Leo Istvan und die Herrenjäger und sie durchstreifte dann stundenlang die Wildnis, bis ihr wieder wohler war im Kopf. Schon zu Zeiten des Deutschen Adels bestand die unterste Kaste aus bettelarmen Dienern, denen das

Ja-Sagen in die Wiege gelegt war, dachte sie und kehrte mit diesem fahlen Trost in ihren Alltag zurück.

Im Jagdarchiv des Grafen Lopowices, das im Gewölbekeller des Schlosses eine muffige Heimat gefunden hatte, stöberte Wanda in den vergilbten Jagdblättern und fand unter dem 2. März 1943 die letzte Wolfsmeldung an der Inster. Es handelte sich um ein kleines Rudel junger Wölfe, das der Kriegslärm aus den Steppen Russlands nach hier verschlagen hatte; die Wölfe blieben damals nur wenige Tage. Den handgeschriebenen Vermerk »gut ernährte Wölfe« hatte ihr der Vater damit erklärt, dass an den Straßenrändern viele verendete Pferde lagen, deren Fleisch die Wölfe nicht verschmähten.

Täglich pochte Leo Istvan energischer darauf, an der Inster die Eisen zu stellen. »Wenn es dir zu viel Arbeit ist, dann schicke ich den Balder Zoloe raus, der ist zwar noch ein dummer Junge, aber von den Fallen versteht er was«, polterte er und ergötzte sich an Wandas entsetztem Blick.

Wanda fühlte sich im Revier tatsächlich überfordert, nahm aber Leo Istvans Drohung sehr ernst. Ihr wurde übel bei dem Gedanken, dass der Balder, dieser rohe Kerl, der noch nicht einmal seinen Namen richtig schreiben konnte, mit den Eisen durchs Revier schlich, um *ihren* Wolf zu töten. Dass der Wolf zehnmal schlauer war als der Balder, bot ihr im Moment nur einen schwachen Trost.

Sollte sie die Eisen legen, aber nicht spannen?

In den 22 Jahren ihrer Jagdaufsicht hatte sie noch niemals einen Vorgesetzten angelogen. Sie musste schmunzeln. In den Nordrevieren war sie einst ihr eigener Chef gewesen, hatte sich selber Rechenschaft abzulegen, hier aber hatte sie einem anderen zu gehorchen, einem, der 30 Jahre jünger war als sie und dem diese 30 Jahre an Reviererfahrung fehlten.

Nachts lag sie wach in ihrem Bett, lauschte dem Murmeln und Raunen der alten Bäume vor ihrem Fenster, vernahm im Dämmerschlaf das Heulen ihres Wolfes, das es nicht gab, und wenn sie aufstand morgens um fünf Uhr, was ihre Zeit war, dann fühlte sie sich matt und zerschlagen. Sie spürte, dass sie dem alten Wolf verfallen war.

Ihr knittriger Freund Chodowic, der in Warschau vor seinen Studenten über Lebensweisheiten philosophierte, würde ihr sagen, dass dies eine abartige Form der Altersliebe sei. Ja, sie liebte diesen Wolf mit ihrer ganzen Jägerseele und doch ohne jene Sentimentalität, die Tierliebe oft zur Krankheit macht.

Es hatte wieder geschneit in der Nacht. Der weiße Staub lag fingerdick auf dem Kraut. Spurenschnee vom Feinsten, jubelte Wanda, als sie vor die Tür trat. Ist der Schnee zu hoch, ist zwar die Spurenbahn, die Fährte, zu deuten, aber die Trittsiegel bringen nichts. Zwei Zentimeter Neue auf altem Schnee, das ist das Wintergeschenk an die Fährtengeher!

Sie schlürfte hastig den Kaffee, kaute ihr Katenbrot im Hin- und Herlaufen, während sie Ordnung in die Zimmer brachte, und kletterte danach über die hölzerne Außenleiter auf den Gerümpelboden, wo sie irgendwo in einer dunklen Ecke die Fallen und Eisen vermutete. Es stank nach Marder unter dem Dach und die über- und ineinanderliegenden Abwurfstangen der Lopowices-Hirsche dämpften im Kriechen und Stolpern ihre gute Laune. Sie fand die großen Eisen, an denen wuchtige Ketten hingen, und sie trug sie in die Futterküche und säuberte sie mit klarem Wasser. Sie spannte die Eisen mit ganzer Kraft zur Probe, aber sie wusste, dass sie die »eisernen Würger« draußen nicht spannen würde! Sie band die Eisen mit Lederriemen zusammen und schulterte sie und begab sich damit, geplagt vom schlechten Gewissen, in Leo Istvans Amtsstube, damit die Drohgebärden gegen den »Hund« endlich ein Ende haben mochten.

Woher sie den Köder nähme, fragte Leo Istvan, und sie antwortete spontan, dass sie abends die Bauern aufsuchen und um etwas von der Schlachtung bitten würde.

Zwei Stunden später verschwanden die Eisen wieder in der dunklen Ecke unter dem Dach, wo die Steinmarder hausten und krakeelten, und sie ließ sich dann stundenlang während ihrer Pirsch durch das wilde Holz nur von dem Wunsch treiben, des Wolfes Spur wiederzufinden und auszufährten.

Mysteriöse Kräfte beherrschten sie in einer beängstigenden Form: Sie dachte nur noch an den Wolf, spürte, dass der sehr alt war und das Wegstück zwischen ihm und dem Tod kürzer wurde von Tag zu Tag, wie das auch mit ihrem Leben war. Das machte sie zu Freunden, obwohl sie einander noch nicht kannten.

Drei Tage fährtete Wanda ihren Wolf vergebens, fand auch keinen Riss oder etwas, das auf seine Anwesenheit hindeutete. Sie versorgte pflichtgemäß die Futterraufen für das Rotwild, kontrollierte dessen Losung und die Urinflecke im Schnee und vermeldete Leo Istvan, dass das Wild in bester Gesundheit stünde.

Da das Rotwild keine Unruhe zeigte und auch die Rehe ohne Scheu zur Äsung zogen, fand Wanda darin die für sie traurige Bestätigung, dass ihr Wolf in den Wäldern an der Inster nur eine kurze Gastrolle gegeben hatte und wohl weitergezogen war, vielleicht in die angestammte Heimat, in die Steppe zurück? Der Gedanke ließ Trübsal aufkommen.

In den Alteichen hatten die Luchse ein Schmalreh gerissen und das, was von ihm übrig geblieben war, in eine Felsspalte gezerrt. Hundert Male hatten die Pfoten den Schnee zertreten, als hätten sich hier alle Luchse Polens getroffen, um ihre Art zu feiern. Aber es waren nur die beiden Altluchse des Stammes, die um die Beute tanzten und vermutlich um jeden Brocken stritten.

Wenn der Wolf kein Wild gerissen hatte, an dessen Reste der Hunger ihn zurücktrieb, dann könnte sie ihm die frischen Rehkeulen von der Luchsmahlzeit im Gestrüpp der Inster auslegen; über den Niederwuchs des Buschlandes würde der Wind den Geruch weit in die Steppe hineintragen, überlegte Wanda in ihrer schmerzenden Enttäuschung, den Wolf nicht wieder gefährtet zu haben.

Sie verstaute das hart gefrorene Wildbret in den Schweißbeutel ihres Rucksackes und verließ die Eichen in weitem Bogen, um keinen schneebedeckten Steg, keine eingeschneite Kultur bei der Fährtensuche zu vergessen.

Tief nach vorne gebeugt schleppte sie den Rucksack durch die Wildnis, die einst gepflegter Park war. An der zerbrochenen, von dunklem Moos überwucherten Pferdetränke legte sie eine Pause ein, um die Fußwickel, die verrutscht waren, fester zu legen und in Ruhe eine Zigarre zu rauchen.

Beim Aufschnüren der Stiefel sah sie die Spur des Wolfes!

Die war frisch in den Schnee gestempelt, rund und breit, mit Krallen, die lang, aber stumpf waren. Minuten vor ihr musste der Wolf diese Stelle passiert haben; die winzigen Schneekristalle lagen noch wie hineingehaucht in den Ballen.

Wanda vergaß die Fußlappen. Sie wurde kleiner, presste sich an den Stein, um das Glas ruhiger halten zu können. Ins braune Allwettergesicht war wieder Freude eingekehrt und es zuckte um die Nase herum. Wanda hatte Mühe, ihre Erregung zu kontrollieren. Meter für Meter suchte sie den Übergang zur Grassteppe ab und den in der grellen Wintersonne flimmernden Bachlauf, die buschigen Ausläufer des Waldes.

Eine Kette Rebhühner burrte über sie hinweg, fiel lärmend zwischen den braunen Disteln am Bach ein. Sie hörte einen Habicht im Altholz lahnen und in der Ferne, wo die Bauern wohnen, das wütende Gekläff eines Kettenhundes.

Wenige Meter von der zerfallenen Pferdetränke entfernt lag das Bruchholz des letzten Sturmes kreuz und quer, bildete unter den geborstenen Stämmen eine Höhle, die zur Mauer hin offen lag. Dahinein warf Wanda das Rehfleisch. Dann brach sie ein paar Fichtenzweige, die sie in die Risse des Gemäuers steckte. Die Entfernung zum Luderplatz schätzte sie auf 30 Fuß, und sie schlug mit der kleinen Axt, die zu ihrer Ausrüstung gehörte, durch die Wildnis dicht stehender Karden eine schmale Schneise, die in das Eichenholz einmündete.

In der Frühe des nächsten Tages würde sie zu den Bauern hinüberfahren und dort um Fleisch von der Schlachtung bitten. Wenn ihr Wolf nicht mehr in der Lage war, Beute zu machen, musste sie ihn versorgen!

Vielleicht steckt in dem Wolf die Seele eines meiner Vorfahren, vielleicht die des Urgroßvaters, der lebte in Kadnikov mit zwei Wölfinnen zusammen, fantasierte sie. Der war gütig und sprach mit den Tieren und die Leute von Kadnikov hielten ihn für einen Heiligen.

Leo Istvan fragte, wo die Eisen standen. Wanda blieb ernst und log, dass die Eisen an der Inster entlang versteckt waren, dort, wo sie den »Hund« vor ein paar Tagen gefährtet hatte.

»Wie viele Fallen?«

»Zwei!«

»Wenn er sie nicht annimmt, werden wir drücken! Du, der Balder und ich, vielleicht noch einer der Gäste, die auf Schwarzwild gehen, das müsste im Aufgebot ausreichen, ihn aufs Fell zu legen!«

Wanda geriet in Panik. Das durfte nicht geschehen, es wäre des Wolfes sicherer Tod, dachte sie.

»Ich fährte den Hund nicht mehr, war wohl nur ein Durchzügler«, log sie in ihrer Bedrängnis und vermied es, Leo Istvan in das Gesicht zu schauen.

Als sie die Amtsstube verließ, spürte sie, dass sie sehr einsam war, so einsam, wie niemals zuvor in ihrem Jägerleben, aber es war nicht die Alterseinsamkeit, die sie würgte und ihr die Kraft aus den Beinen nahm. Etwas in ihr blockierte den Wunsch zu töten. Ein Leben lang hatte sie das Wild zur Strecke gebracht, stolzes und schwaches, davon hatte sie gelebt. Wenn der Blattschuss saß, fühlte sie sich als Heldin, hatte sie aber ein Stück angeschweißt, verfluchte sie sich als Stümperin; es war ein teuflisches Wechselspiel der Gefühle. Nun bewegte sie sich selber waidwund durch die knappe Zeit, die ihr der Herrgott noch gewährte.

Ihr einsamer Wolf und sie – sie waren Verbündete am Ende ihrer Tage, dachte sie wehmütig. Sie wusste, dass ihr Wolf wiederkommen würde, sie spürte es in ihrer Seele! Und als ihr der feine Herr von Bodelheim aus Hannover, der zur Saujagd angereist war, über den Weg lief und erzählte, dass er abends beim Ansitz einen großen, verwilderten Schäferhund gesehen hatte, der so groß war wie ein Wolf, da fuhr ein feiner Schmerz durch ihre Brust, der sich hinauf in ihre Kehle schlich und sie beeilte sich, in ihre Hütte zu kommen, wo sie drei eiskalte Wodka trank und sich erschöpft auf ihr Lager warf, so, wie sie angezogen war. Hin- und hergerissen zwischen Freude und Furcht schlief sie ein.

»Der Hund ist noch im Revier«, sagte Leo Istvan energisch am nächsten Morgen.

»Wir werden ihn angehen, sobald der Balder wieder aus Eydthau zurück ist, das dürfte in zwei Tagen sein; der ist mit dem Fuhrwerk hinübergefahren, um Heu und Silage zu holen.«

Wortlos hatte Wanda daraufhin die Amtsstube verlassen und sie war auch stumm geblieben, als der nach Parfüm riechende Herr von Bodelheim sie fragte, ob es noch schneien würde in der Nacht. Sie sattelte ihr Maultier und ritt zu den Bauern hinüber, wo sie schon im ersten Gehöft Kuhfleisch für ihren Wolf bekam, nachdem sie dem Bauern erzählt hatte, dass Wölfe aus der Steppe herübergekommen seien, die es am Luder zu erlegen gelte; für die Bauern war der Wolf von jeher das blutrünstige Ungeheuer.

Der Name Wolf löste seit Menschengedenken bei den Leuten Angst und Schrecken aus, denn vor der Blutgier des bösen Tieres wurde schon in der Schule gewarnt. Wanda wusste, dass der Wolf ein edles, weil feinfühlendes und sehr sozial geprägtes Tier ist, das dem Erzfeind Mensch möglichst aus dem Wege geht. Das Misstrauen dem Menschen gegenüber vererbte sich von einer Generation zur nächsten. Man muss in der wilden Natur aufgewachsen sein, um mit ihr zu leben und das zu verstehen, dachte sie.

Den Bauern verzieh sie die Furcht, Leo Istvan und den Frackträgern aber, die in ihr Revier einfielen, um sich für viel Geld ihren Raub heimzuholen, nicht.

Der Schneesturm brach herein, als sie die zerfallene Mauer mit dem Fichtenschirm darauf erreicht hatte. Der heftige Nordost trieb den Schnee flach gegen den Wald und nahm die Baumkronen von unten her mit solcher Härte, dass sie gefährlich knarrten und stöhnten. In wenigen Minuten erstickte das Land unter einer dicken, dumpfen Schneedecke. Wanda packte das Leinentuch mit dem Kuhfleisch und schleppte es hinüber zu den Sturzfichten, wo sie die Reste des Rehs abgelegt hatte.

Darauf ausgestreckt und zähnefletschend lag ihr Wolf! Wanda fuhr erschreckt zurück, sagte: „Gut, schon gut", weil ihr nichts anderes in den Sinn kam, dann erstarrte sie, war nicht mehr in der Lage, klar zu denken und die Beine zu bewegen.

Der Wolf, der vermutlich unter den schützenden Fichten die Nacht verbracht hatte, versuchte sich zu erheben, knickte aber wieder ein.

Als Wanda den Schock überwunden hatte, trat sie ein paar Schritte zurück, um das Tier zu beruhigen. Durch den Treibschnee hindurch erkannte sie, dass im Fang die beiden Reißzähne fehlten und das rechte Auge von einem Hautfetzen verdeckt war.

Wanda ahnte, dass der Wolf über die Inster eingewechselt war, um hier, abseits der ihn beherrschenden Artgenossen, zu verenden, Und sie sah, dass er abgemagert war und im fleckigen Fell struppig.

Die Jägerin Wanda verspürte Mitleid und wäre doch nicht auf den Gedanken gekommen, dem Wolf die Kugel anzutragen, um ihm

damit das Sterben zu erleichtern. Stattdessen zerlegte sie mit dem Waidmesser das Kuhfleisch, schnitt kleine Brocken heraus, nicht größer als Taubeneier, die sie knetete, bis sie weich waren. Dann ging sie langsam und bedächtig auf den Wolf zu. Der presste sich kraftlos auf das Rehfleisch und zog die Lefzen hoch, zeigte ihr wutverzerrt, was von dem einst so gefährlichen und starken Gebiss übrig geblieben war. Mit einem Stock schob Wanda die Fleischbrocken zwischen die

Vorderbranten des Wolfes, der nun knurrte und sich weiter in die Höhle zurückzog.

Wanda blieb an der Mauer hinter ihrem Schirm, bis der Schnee ihre Spur zugedeckt hatte und der alte Wolf in seiner Reisighöhle eingeschneit war. Ihn vermuteten hier nicht einmal seine Artgenossen und die Luchse droben im Eichenfels auch nicht.

»Ich werde ihm den letzten Bissen reichen, bis sein wildes Herz aufhört zu schlagen«, sprach Wanda in das Schneetreiben hinein. Wehmut war in ihr. Sie wusste, dass sie noch einsamer, noch erbärmlicher sterben würde in ihrer dunklen Hütte oder irgendwo im Holz.

In der Nacht hatte sie wieder Wodka getrunken, zu viel für ihre Leber! Aber sie brauchte jetzt die verwirrten Bilder, die verschwommen ihre Irrwege, aber auch die kleinen Freuden ihres kargen Lebens in ihrem Gedächtnis wachriefen. Sie lenkten ab von ihrem Ungehorsam Leo Istvan gegenüber und sie milderten den Schmerz, den ihr der sterbende Wolf zufügte.

Nach der schlaflosen Nacht trieb sie die Unruhe wieder hinaus in die weiße, erstarrte Einsamkeit, in welcher der Schnee unter ihren Stiefeln knirschte und der Frost sich zwischen ihre Finger einnistete, dass sie klamm und gefühllos die Büchse umschlossen.

Ihr Wolf lag ausgestreckt auf dem harten Rehfleisch mit weit geöffneten, milchigen Augen und anliegenden Ohren. Zwischen den stumpfen Zähnen klemmte der Fleischbrocken, den Wanda ihm abends auf die Vorderbranten geschoben hatte. Ihr Wolf war tot.

Wanda kniete in den Schnee nieder und fuhr mit der Hand über den Nasenspiegel und über die Stirn des Tieres, grub ihre Hände in dessen zerzaustes Fell und fühlte, dass der Körper darunter noch warm war. Sie sah die tiefe Risswunde im linken Oberschenkel und den daraus hervorstehenden, weißen Knochen. Sie hatten ihn zu Tode gehetzt, als er halb verhungert und mit letzter Kraft versuchte, seinem Rudel zu folgen.

Wanda brach einen Fichtenzweig, von dem sie das Eis mit den Händen abtaute und steckte ihn in den geöffneten Fang des Wolfes. Sie nahm die Pelzmütze vom Kopf und drückte sie in ihr Gesicht, spürte die Tränen, die das Leder befeuchteten, und sie weinte zum ersten Male wieder nach 22 Jahren, ohne sich der Tränen zu schämen. Vor 22 Jahren hatte sie mit angesehen, wie sie im norwegischen Fjäll einen angeschossenen Wolfsrüden mit Eisenstangen erschlugen, nur weil er ein Wolf war.

Wenig später ging Wanda Valesko als die dienstälteste Wildhüterin schweren Herzens in den Ruhestand.

Die Bescheidenen

Singend wie in jedem Jahr entstieg der Kammersänger Peter Salomon aus Salzburg seinem grauen, alten Käfer. Von nun an ging es auf dem Gute musikalisch zu.

Der Peter war ein herziger, liebenswerter Mensch um die 40 herum, mit dunkelbraunen Haaren, die an den Schläfen das erste matte Silber andeuteten, dunkelbraunen Augen, die immer lächelten und einer glatten, gepflegten Haut. Schlicht war er, einfach und unkompliziert und das gefiel mir. Seine Erfolge auf den Bühnen der Welt waren ihm nicht zu Kopfe gestiegen und das war sicherlich sein größter Erfolg.

Da stand nun sein stumpfer Nachkriegskäfer mit den vielen, kleinen Lackschäden neben den protzigen Limousinen und triumphierte in seiner schlichten Art über die Reichenkutschen und der Peter, so durften wir Buben ihn von Anfang an nennen, lief sogleich in brauner Cordhose und beigefarbenem Pulli zu den Stallungen hinüber, um die Leute vom Hof zu begrüßen, wie er das immer tat, wenn er hier weilte.

»Stallduft ist das Parfüm der Natur«, pflegte er zu scherzen. »Wenn du monatelang zwischen Paris und London die Stadtluft in der Nase hast, sehnst du dich nach dieser Natur!«

Er war im ungarischen Szolnok aufgewachsen. Vater lernte ihn während der Jagdausstellung in Budapest kennen, wo er bei einem festlichen Jagdkonzert auftrat und beim mitternächtlichen Umtrunk mit Vater ins jagdliche Plaudern geriet, was schließlich zu einer Einladung auf Gut Hermannsburg führte.

Für seine Bescheidenheit sprach auch, dass er Safarieinladungen ausschlug und leidenschaftlich für die kleine, überschaubare Jagd plädierte. Darunter verstand er das Jagen mit ortsansässigen Jägern, die mit der heimatlichen Scholle und allen dort lebendenKreaturen verwachsen waren. Sie kannten die Lebensgeschichte ihres Revieres in der Regel von Kindesbeinen an und waren mit den Launen der Natur bestens vertraut.

»Der Fremde bleibt immer fremd, aber sein Herz weitet sich, wenn er auf bodenständige Freunde trifft, denen er sich blind anvertrauen darf«, sagte er voller Pathos.

Das Waidwerk war für ihn etwas Heiliges, das er penibel pflegte, was »gestandene Mannen« oft belächelten. Auch duldete er bei der »roten Arbeit« keine fremde Hilfe, erledigte alles alleine, und das machte ihn stolz. Er war ein ausgezeichneter Schütze, machte den Finger aber nur dann krumm, wenn er sicher war, dass sein Schuss dem Wild keinen qualvollen Tod brachte.

Der Verwalter erlebte ihn einmal beim Ansitz auf ein Spießböckchen und erzählte seine Beobachtung immer wieder, wenn es um Geschichten und Geschichtchen unserer Jäger ging.

Sie saßen beide auf einer Feldkanzel im taunassen Sonnenaufgang, als besagtes Böckchen mit ausgelassenen Sprüngen vor der

Hecke erschien und dieses Spielchen über den gesamten Rotkleeschlag fortsetzte, um wenige Meter vor der Kanzel zu verhoffen. Es war die Szene in einem Märchenfilm! Da stand nun das schmale Kerlchen in Millionen glitzernder und flimmernder Tauperlen und äugte mit großen Kulleraugen nach oben.

»Wunderbar, ist das nicht wunderbar«, hatte der Peter laut gesagt, und das Böckchen war mit eben diesen ausgelassenen Sprüngen wieder in der Hecke verschwunden. Peter Salomon blieb in diesem Urlaub erfolglos und war vermutlich doch glücklicher als einige andere, die in der Umgebung an diesem Morgen ihren Bock erlegten!

Viele Male reiste er ohne Jagdglück ab, doch das Erlebnis des stillen Beobachtens draußen hatte für ihn einen höheren Stellenwert als der Abschuss. Zum Revierjäger habe er keine Eignung, sagte er von sich.

Vater aber war anderer Meinung. »Der Peter als Jagdaufseher wäre ein Glücksfall«, sagte er einmal, als unser Revier nach Bertrams Tod verwaist war, aber ich nahm das als Scherz auf.

Peter Salomon, der singende Jäger, sorgte auf eine vornehme Weise für Frohsinn auf dem Gut. Er sang morgens im Bad und nach dem Mahl, und er sang abends, wenn sie alle im großen Saal beisammen saßen und dankbar auf einen schönen Tag zurückschauten, den sie gesund und problemlos erleben durften. Ständig übte er irgendwelche Arien, er sang Schubert, Mozart oder Verdi.

Ach ja, Peters Waffe! Er besaß nur den alten Sauerdrilling seines Vaters, silberbeschlagen und handgraviert, von dem er sagte: »So zuverlässig ist kein menschliches Wesen!«

»Warum bist du Jäger?« Ich fragte ihn beim Gang über den Hof und das schien ihn zu irritieren.

»Ja, warum ist der singende Salomon Wildschütz?«, fragte er zurück mit einem Anflug von Heiterkeit. »Du wirst es nicht für möglich halten – ich weiß es nicht!« Verblüfft waren wir beide.

»Sieh es einfach so, es macht mir Spaß! Als Jäger bin ich ein Stück uriger Natur, klingt kindisch, aber es ist so. Wenn ich Tag für Tag, Abend für Abend auf der Bühne der Strahlemann sein muss, weil die Leute das von mit erwarten, dann hege ich von Zeit zu Zeit Fluchtgedanken. Ich flüchte dann in die Jagd bei Freunden, die mir immer ein Türchen dafür offen halten, so wie dein Vater.

Beim Waidwerken, das für mich mehr Schauen als Schießen ist, schöpfe ich neue Kraft für die Bühne, und weil mir Wald, Wild und Jagd so viel bedeuten, pflege ich das Waidwerk mit Respekt und Sorgfalt. Übrigens – keine andere Gruppe weltweit pflegt eine so schöne Tradition in Sprache und Tat wie das Waidwerk. Auch ein Grund, weshalb wir Jäger angefeindet werden in einer Zeit, in der Gefühle abstumpfen und nur noch der Profit zählt. Am schlimmsten ist dabei der Neid, diese teuflischste Form der Niedertracht.

Das noch will ich dir gestehen ...: Fast immer habe ich einen Kloß im Hals, wenn ich neben meinem erlegten Wild stehe, ich weine dann nicht vor Glück, sondern weil ich traurig bin, unbeschreiblich traurig, ein Geschöpf Gottes getötet zu haben. Nun halte mich für verrückt, aber schweige bitte darüber.«

So viel Vertrauen tat wohl. Seine Aufrichtigkeit machte mich glücklich. Ich bewunderte ihn, denn er hatte sich nicht geschont.

Als ein Jäger aus der Rhön, ein Möbelfabrikant, der auch im heißen Reviersommer Hemden mit gesteiftem Kragen und Seidenkrawatte trug, mit seinem »Schnepfenrekord« in Dänemark prahlte – er hatte dort 23 Langschnäbel hintereinander »heruntergeholt«, verließ der Peter spontan das Zimmer. Ich folgte ihm und er sagte: »Bring mich bitte nicht wieder mit diesem maßlos aufgeblasenen Widerling zusammen, der erweist dem Waidwerk einen schlechten Dienst. Ich fühle mich nur unter bescheidenen Waidleuten wohl!«

In der Geschichte des Gutes tauchen noch andere Bescheidene auf, Jäger von feinem Charakter. Frieder Bartolomä aus dem österreichischen Burgenland etwa, der sich über seine erfolglose, tage- und nächtelange Pirsch auf den laufkranken Rothirsch so sehr freute, dass er für Vater ein Gedicht darüber verfasste, das seine ganze waidmännische Größe ausdrückte. Statt des Rothirsches hatte er zum Ende seines Urlaubes ein kümmerliches Rehböckchen erlegt.

Nicht am Hirsch mit 20 Sprossen,
hab' ich bei dir die Jagd genossen,
des Böckchens Spieße fingerdick,
brachten mir das Jägerglück.

Der Vers schaute aus einem schlichten Holzrähmchen auf Vaters Schreibtisch.

Auch Michael Erlinger, Kaffeegroßhändler aus Hamburg, war so ein Bescheidener. Jahr für Jahr, bevor er auf den Winterfuchs ging, seine große Passion, für die er kein Opfer scheute, erschien er im Herbst zur Revierarbeit.

In seinen abgewetzten Cordklamotten und mit dem speckig glänzenden Filzhut, den eine Bussardfeder schmückte, bewegte er sich im Revier wie der »Räuber Hotzenplotz« im Märchenwald. Trotz Bauchansatz und zeitweiser Atemnot war er bei der Arbeit nicht zu bremsen. Er hob Gräben aus, schnitt stundenlang Pirschpfade frei und handhabte die schwere Gartenfräse mit erstaunlicher Geschicklichkeit zwischen den Saatreihen auf der Schonung, dass sogar die erfahrenen Waldarbeiter voll des Lobes waren.

Mit einem gewissen Stolz trank er seinen schwarzen Tee aus einem zerbeulten, rußgeschwärzten Blechtopf am Mittagsfeuer bei den Waldarbeitern, die sich gerne um ihn scharten, denn der weitgereiste Michael erzählte ihnen abenteuerliche Jagdgeschichten aus fernen Ländern, derer vermutlich aber nur wenige der Wirklichkeit entsprachen. Michael war ein Schlitzohr von köstlichem Humor. Mithilfe

seiner Hände und einer außergewöhnlichen Gestik bekräftigte er seine Erzählungen, sodass bei allen Zuhörern Staunen blieb. Er war beliebt, und die Männer halfen ihm bei seiner Arbeit abends nach Dienstschluss noch ein wenig.

Nach zwei Arbeitswochen, während der er schlicht und anspruchslos in der Jagdhütte wohnte, zog er in das Gutshaus um, warf sich in feines Jagdgrün und fuhr mit Vater in die Stadt, wo er verschiedenes Jagdzeug kaufte und für Mutter einen großen Rosenstrauß.

Die winterliche Pirsch auf den Fuchs wurde abends am Kamin ausführlich besprochen, denn Michael überließ nichts in seinem Jägerleben dem puren Zufall.

Die Leute vom Naturschutzverein, die im Walde herumliefen, bezeichnete er als »Zecken«, die den Jagdbetrieb störten, und von groß ausgelegten Drückjagden, bei denen sich die »Jäger vor dem Herrn« protzend in Szene setzten, hielt er ebenso wenig wie von Schüsseltreiben, zu denen einige »Großkopfete« nur erschienen, um sich selber reden zu hören. Er war und blieb der Stille und das machte ihn auf Gut Hermannsburg so sympathisch!

So sicher wie auf Füchse ging er auf Marder. Diese Erfolge verdankte er seinen »Marderburgen«, die er unweit der menschlichen Siedlungen inmitten des Hochwaldes in die Erde baute. In einem schneereichen Winter erlegte er an einer seiner Burgen vier alte Steinmarder, was die Jäger der Kreisvereinigung veranlasste, die »Erlenberger Marderburg« nachzubauen.

Michael hob im Altholz eine einen Meter tiefe Grube aus, deren Wände er mit Fichtenstangen befestigte. Trockenes Moos und Laub schichtete er auf den Boden und bedeckte die Grube mit alten, zum Teil bemoosten und verwitterten Baumstämmen unterschiedlicher Stärke, die aber zwei Schlupflöcher frei ließen. Um den Holzhaufen herum entfernte er alles Gesträuch und Fallholz, sodass bei neuer Schneelage die Spurenbilder der ein- und ausfahrenden Marder deutlich zu lesen waren.

Michael war mir und anderen jungen Jägern ein großartiges Vorbild und mit seinem versteckten Witz ein stets gern gesehener Gast.

Loisels Achter

»Als der liebe Herrgott die Welt erschaffen hatte, zog er sich in die Berge zurück, um dort auszuruhen«, sagte der Pfarrer voller Stolz in dem kleinen Dorf zwischen Zugspitze und Karwendel.

Ich hatte wieder einmal die hässliche Hektik des Stadtalltags hinter mir gelassen und war in den Bergsommer hineingefahren, einfach so und wissend, dass ich beim Rhütibauern jederzeit ein »Platzerl« zum Schlafen finde, notfalls im Heu hinter dem Haus.

Wir waren Freunde, aber darüber gab's nicht viele Worte. Die Rhütis waren von echter Herzlichkeit und ich liebte ihre allürenfreie Offenheit, die ihnen das Leben im Berg anerzogen hatte, und die Kinder, die drüben in Garmisch die Schule besuchten, waren dieser Erziehung treu geblieben, der Bert, der Loisel und die Rosi.

Weil der Loisel ein kreativer Bub war, der schon mit 14 aus Zirbelholz einen böse dreinschauenden Waldgeist geschnitzt hatte, schickte der Rhütibauer ihn nach der Schulzeit in die Schnitzerschule nach

Garmisch-Partenkirchen, wo er alsbald durch seinen künstlerischen Blick, dieses bildhafte Erfassen, den Lehrern auffiel.

Auf dem Hof im Berg halfen bei der Arbeit der Bert, der älteste der beiden Buben, der den Hof einmal übernehmen sollte, und die Rosi, die mit Bravour Zither und Gitarre spielte, sodass die Rhütis ein recht geordnetes und glückliches Dasein führten.

Der Loisel konnte, ungebunden an Hof und Vieh, seinen gewünschten Beruf erlernen. Was aber stärker noch war im Loisel als die Begabung, mit Meißel und Klöppel umzugehen, war die quälende Unruhe des Jägers, die er vom Opa geerbt hatte. Der kraxelte mit seinen 83 Jahren Winter wie Sommer immer noch im Gebirge umher, wo er im 30. Jahr nun schon die Jagd für seinen Freund Elmar aus München betreute.

Das Gamsrevier, in dem sich ein Steinadlerpaar über einige Generationen hinweg wohlfühlte, beherbergte neben Schneehasen und Schneehühnern ein paar Murmeltierfamilien und hatte Rehböcke hervorgebracht, die mit nur wenigen Ausnahmen medaillengeschmückt die Wände einer Villa im Münchner Süden zierten. Die weniger edlen Gehörne hingen in des Opas Kaminzimmer, und die waren dem vom rauen Bergwetter geprägten und von den Launen des Steins gehärteten Alten wertvoller, als die Preisgekrönten des geschätzten Herrenjägers Elmar.

Der Ostler-Opa, so nannten sie ihn im Berg, hatte den Loisel diskret zum Jäger erzogen und droben im Berg, wohin die »Städtischen« nicht kamen, das sichere Schießen beigebracht. Es durfte nicht sein, und der Loisel hatte dem Opa versprechen müssen, kein Wörtlein darüber drunten im Tal zu verlieren.

Hatte der Opa eine Gams erlegt, so weidete der Loisel sie aus, zerwirkte geschickt das Wildbret und schleppte es wacker zum Hof hinunter, der auf einer flachen Anhöhe neben dem Wildbach lag, weit abseits vom Dorf.

Er zog auch schon mal an des Opas Porzellanpfeife, bis ihm die Augen tränten, aber er ließ so lange nicht ab davon, bis er eines Tages die Tränen besiegt hatte.

Der Loisel war ein stilles Naturbürschlein der seltenen Art – hart im Nehmen und später im Heranwachsen genauso hart im Geben, oder treffender gesagt, im Austeilen, wenn etwa einer der feinen städtischen Fatzkes, die zum Johannisfeuer zu Hunderten über die Berge herfielen, der Schwester Rosi zu nahe kam, oder einer seinem Tanzmädel allzu gierige Blicke zuwarf. Dass der Loisel kräftig zuschlagen konnte, wusste der Alois Zundler, der Gendarm in dem kleinen Nest war, aber das blieb auch das einzige Negative, das über den Loisel bekannt war.

Nachdem er die heiligen Apostel für die Kirche im Ruperti-Winkel geschnitzt hatte, so groß wie lebendige Menschen und alle mit strengen Gesichtszügen und er danach seinen Meisterbrief mit Auszeichnung erhalten hatte, grüßten sie ihn im Berg fast ehrfurchtsvoll, und die heiratsfähigen Madeln suchten recht eifersüchtig die Begegnung mit ihm. Der Loisel aber blieb stumm, wenn er ihre begehrenden Blicke verspürte und rot wurde er um die Nase herum, verlegen, weil in seinen Adern das Blut noch nicht fürs Weibische, sondern fürs Jagen und fürs Wild rebellierte.

Kam er von Garmisch herüber, blieb er nur wenige Stunden auf dem Hof, schlüpfte in das älteste Lederzeug, packte den Rucksack, nahm 's Glas und den Bergstock und kletterte hinaus zur Alm, wo er die Nächte im Heu über dem Stall verbrachte und nur von dem lebte, was er im Rucksack heraufgeschleppt hatte.

Er stieg in den Fels ein, durchstöberte die Latschen, die sich zäh in dem Stein festkrallten, lag stundenlang im Schatten der Zinnen und bei Regen und Sturm in einer Nische irgendwo im hohen Stein und kam mit jedem neuen Einstieg den Rehen und den Gämsen ein Stückchen näher, denn dort draußen, ganz auf sich alleine gestellt, studierte er das Wesen und Verhalten des Wildes, wie es kein Lehrprinz ihm zu vermitteln imstande gewesen wäre. Er übte seinen Blick für Formen und Figuren, was ihm bei der Arbeit am Holz in der Werkstatt von Nutzen war.

So war er auch im Juni wieder hinaufgestiegen in das wilde Bergrevier, das der Ostler-Opa betreute. Er war voller Unruhe und nahm das steile Geröll unter den Latschen nach vierstündigem Anstieg mit vollgestopftem Rucksack leichten Trittes, obwohl es unter seinem Hemd kochte und der Schweiß ihm über die Stirn lief.

Jagen wollte er mit seinen Augen! Wollte dem vorsichtigen Achterbock im Krummholz unter der Steilwand so nahe kommen, dass er ihn mit dem Waidmesser abfangen könnte, wenn der Teufel ihn ritt, und der Gams bei gutem Wetter auf die Decke schauen und dort das Zittern der Rückenhaare erkennen, die einmal Bart werden. In einem Jahr wäre er Jäger, dann hätte er den begehrten Schein, aber erst in einem Jahr. Was würde in einem Jahr sein?

Loisel wurde es eng in seinem Hemd, er öffnete die Knöpfe am Hals, krempelte die Ärmelstutzen um und fühlte sich wieder frei wie der Steinadler, der hoch über ihm seine ruderlosen Kreise zog.

Es war der Fronleichnamstag, ein Tag voller Sonne von der Frühe an. Im Haus des Rhütibauern rüsteten sie sich für die große Prozession, die sich vormittags wie ein bunter Wurm von der Kirche St. Florian über die grünen Hügel zum Kreuzweg hinüberschlängeln würde.

Die Mutter hatte den Loisel angefleht, das geschmückte Kruzifix zusammen mit den Burschen zu tragen, und der Vater war wütend durchs Haus gelaufen, weil der Loisel sich weigerte. Er brauche einen freien Kopf nach den Tagen in der Stadt, hatte er geantwortet, aber sie verstanden ihn nicht, weil für sie der Gang zum Kreuzweg mit dem Allerheiligsten die höchste Pflicht war in ihrem Jahreslauf.

Der Loisel hatte in der Nacht wieder von dem roten Bock mit den hohen, reich geperlten Stangen geträumt, die so zackig waren und so spitz, dass sie ein kleiner Hirsch hätte tragen können. An keiner Trophäenwand weit und breit im Gebirg' hing so ein Gehörn mit acht gleichmäßigen, weißen Sprossen! Weil der Ostler-Opa den Bock nicht erwähnt hatte, war der Loisel sicher, dass der neu eingewechselt war vom Leutasch herüber, was er noch darin bestätigt fand, dass der Bock alleine ging und in der Wand über den Rehen stand. Die anderen Böcke schreckten häufig und Loisel hatte gesehen, wie der Achterbock plätzte und zwei Latschen forkelte, dass ihre Rinde in Fetzen herabhing. Der war ein besonderer Bock, einer, der sich von anderen Böcken absonderte, aber Aufruhr in Loisels Herz brachte!

»Lieber Herrgott, verzeih' mir, wenn ich den Kreuzweg heut' nicht mitgeh'«, murmelte der Loisel, als er in seinen Lederjanker fuhr und das Glas vom Haken nahm. Er schnitt vom Rauchschinken ein Stück ab, packte Brot und Butter in den Rucksack, die Wollsocken und den dicken Winterpullover.

Als die Glocken durch das Tal hinaufschallten, war er schon unterwegs nach oben, aber am bemoosten Gedenkstein für den Holder Ruppert, der hier bei der Wilderei erschossen wurde, bog er nach rechts ab; der Pfad führte direkt zu Opas Haus, das aber verschlossen war, denn der Opa ging in der Prozession mit, wie er das an Fronleichnam immer tat.

Der Loisel kannte den Platz hinter dem Holz, wo der Schlüssel lag, und er wusste, wie das Eisenschloss am Waffenschrank ohne Schlüssel zu öffnen war. Hart schlug des Loisels Herz im Hals, sauste das Blut heiß durch seine Adern, dass die Schläfen glühten und er im Schritt schneller wurde, obwohl der Pfad nach oben steilte und ihm kaum Halt gab. Fest packte er den Stutzen mit der Rechten, die Linke umklammerte den Bergstock.

Die Glocken schallten mal laut, mal leise herauf, wie der Wind ihren Klang heranwehte und dazwischen tönte die Blaskapelle »Lobe den Herrn ...«

Um die Mittagszeit hatte er die Alm erreicht, wo er die Sachen ablegte und ein dunkles Bier trank, das im Rucksack warm geworden war. Auf der verwitterten Holzbank vor der Hütte streckte er sich aus, verschränkte die Arme unter dem Kopf und sah zur silbergrauen Wand, unter der er den Achter vermutete, dort, wo die krummen Fichten den letzten Wald an den Fels drückten und ein Latschenfeld ums Überleben kämpfte.

Ein paar Kolkraben schrien durcheinander.

Es hielt ihn nicht auf der Bank, weil der Jagdtrieb ihn plagte und alles an ihm lebendig und die Stirn vom Schweiß feucht war.

Die Sonne stand nun nahezu senkrecht in der Wand. Der Wind war erloschen und über den Latschen flimmerte und flirrte die Hitze. Er wusste, dass zu dieser Stunde das Wild im Schatten döste, im Halbschlaf wiederkäuend.

Den Stutzen hart am Rücken stieg er über das krumme Holz in den Fels ein, weil dort der Stein fest lag und er abgehendes Geröll nicht fürchten musste. Auf dem schmalen Plateau fand er Gamslosung und die Reste eines Kitzes, das die Adler dort gekröpft hatten. Er nahm den Stutzen vom Rücken und robbte behutsam über das spärliche Gras, zerdrückte ein paar Enzianblüten dabei, und die Polster vom Steinschmückel, was ihm leidtat, aber er musste flach nach vorne zur Kante kommen, wo er die unter ihm liegenden Hänge zwischen den Latschen überblicken konnte. Die Kolkraben hatten ihn erkannt und begannen lauthals zu hassen, steckten mit ihrem rauen »Arrk, arrk, arrk« die Tannenhäher an, die nun plärrend an ihn heranhüpften und seltsam leise gurrten.

Reglos lag er, geplagt vom summenden Heer kleiner, schwarzer Fliegen, die im Nacken begannen, den Schweiß aufzusaugen. Er wollte den Bock, deshalb blieb er ruhig, ertrug die Fliegen, die gnadenlose Sonne und das widerliche Schreien der Raben, das alles Wild im Berg plötzlich auf die Läufe gebracht hatte.

Galgenvögel, schwarze Teufel, zürnte er, ich sollte euch abknallen, einen nach dem anderen! Doch die Vernunft kehrte zurück, als die Vögel wieder schwiegen. Sachte hob er den Kopf, sah, dass das Gamswild drüben am Hang sich wieder friedlich nach oben äste.

Unter ihm lag das Krummholz in der flimmernden Luft und darin stand der Achter, den er niemandem gönnte, auch nicht dem Ostler-Opa, und er empfand zum ersten Male schmerzlich in seinem jungen Leben, dass Jagdneid krank macht.

Der Jagdneid beherrschte sein Denken, erstickte die noch einmal kurz auflodernde Vernunft, als er an den Holder Ruppert dachte, den die Kugel des Wildhüters Paulus über dem gewilderten Bock niedergestreckt hatte. Der Paulus, der ist lange tot, dachte er, der Ostler-Opa bei der Prozession und der Münchner Elmar in Spanien, das hatte der Opa ihm erzählt.

Zwei Stunden hatte der Loisel flach im Kraut gelegen, dann trat der rote Bock mit dem deutlichen Widerrist, der sein Alter bezeugte, aus dem Krummholz hervor, sichernd und minutenlang einen Vorderlauf anhebend. Als er aber mit dem Grind tief zu Grase ging und hastig zu äsen begann, schob der Loisel den Stutzen über die vom Ehrenpreis überwucherte Kante und stach lässig in das Blatt, auf das die Sonne in diesem Moment einen goldenen, kleinen Fleck warf, so eng umrissen, als zeige Diana ihm die Stelle, die er treffen müsse.

Im Knall steilte der Bock in die Höhe und verschwand mit einem einzigen Sprung im wilden Holz, das er noch gar nicht gänzlich verlassen hatte.

Loisel lag noch eine Weile still im Gras und lauschte angestrengt in den Berg hinein. Sein Herz war weit, aber voller Schmerz, und seine Augen streichelten jetzt den gelben Enzian, den er zuvor im Jagdfieber nicht wahrgenommen hatte. Dass die Kolkraben schwiegen und die Häher und die Gämsen drüben im Hang nur kurz verhofft, aber nicht zur Flucht angesetzt hatten, irritierte ihn.

Es blieb ruhig im Berg und auch der Wald hinter ihm schwieg. Ohne Hast und Panik rutschte er vom Grat in die Fichten, übersprang den Quellbach, nahm noch einmal die fest liegenden Platten, die kein Geröll frei gaben. Am Krummholz entlang erreichte er jene Stelle, wo der Bock ausgetreten war. Er ging in das Gras, suchte herzklopfend jeden Stein, jedes Kräutlein ab, nichts. Kein Schnitthaar, kein Schweißtropfen! Hatte er gepatzt?

Er schlich durch das dichte, grasdurchwucherte Gehölz, lauschte immer wieder fast ängstlich in den hellen Mittag hinein. Zweifel schlichen sich in ihn, sie wurden zur Verzweiflung.

Die Mittagsglocken mahnten. Er musste runter vom Berg, um nicht aufzufallen. Die Gedanken überschlugen sich. Die quälende

Frage danach, ob er den Bock angeschweißt hatte und der nun waidwund irgendwo im Berg verluderte, marterte ihn, Reue kam auf.

Er stolperte über den Hang, durch den Fichtenwald, alle paar Schritte ängstlich verharrend. Er sprang über die Steine und scheuchte einen Auerhahn auf. Rehe schreckten. Am Rupperti-Stein zögerte er, erkannte von hier aus des Ostler-Opas Haus und schlich flugs dorthin zurück, nachdem er sich vergewissert hatte, dass der Opa noch im Tale war; nach der Prozession saßen die Männer lange noch im Wirtshaus.

»Bist du krank, Bub«, fragte die Mutter abends, weil er still im Garten saß. Er rührte das Essen nicht an, trank nur das Bier, das der Vater ihm anbot, und schwieg.

»Nein, Mutter, 's ist die Arbeit, war bisserl viel die letzten Wochen«, antwortete er.

»Droben im Berg fühl' ich mich wohl, will bald wieder hinauf, am besten heut' noch. Ich bleib' dann in der Hütte, hab' noch drei Tage frei.«

Die Rosi fragte, ob sie am Wochenende nachkommen dürfe, aber er lehnte ab: »Ich muss mich erholen, Rosi, ab Montag setzen wir die Apostel, dann ist's mit der Ruhe vorbei.«

Es zog ihn wieder nach oben und es dunkelte bereits, als er die Hütte wieder erreichte. Er fand keinen Schlaf, saß im Hüttenfenster und lauschte in die seltsam helle Juninacht, die ein matter Sternenhimmel überspannte. Stille umgab ihn, marterte ihn. Das schlechte Gewissen bohrte sich durch seine Seele.

Im Sonnenaufgang stieg er in den Fichtenwald ein und suchte in der ersten Helligkeit wieder nach Zeichen, die ihm die quälende Frage nach dem Schicksal des Bockes beantworten könnten, er fand keine.

Die Plätz- und Fegestellen im Krummholz waren frisch, als habe sich ein Bock dort übermütig in der Nacht ausgelassen. Sie erschienen ihm wie ein Trost. Vielleicht habe ich ihn verfehlt, ja, so wird es sein, redete er sich ein, und als er im späten Nachmittag müde, zerkratzt und ausgehungert zur Hütte zurückkehrte, war er sicher, dass der Achterbock noch immer durch den Bergwald zog, vorsichtiger wohl nach dem Schuss, aber unbeschadet.

Erleichtert war der Loisel wieder in die Stadt zurückgekehrt. Die Arbeit in der Werkstatt ging ihm flott von der Hand und bald hatte er zur alten Lebensfreude zurückgefunden, war lustig und voll sprühender Ideen, dass der Meister ihn des Öfteren bremsen musste.

Kaum aber wieder auf dem Rhütihof, trieb es ihn bald in den Berg, denn tief drinnen im Jägerherzen rebellierte in der Waldeinsamkeit zeitweise noch das schlechte Gewissen.

Im Kirchlein hatte er die Sache mit des Opas Stutzen gebeichtet und Hochwürden hatte ihm geraten, den ungezogenen Jagdausflug dem Ostler-Opa zu gestehen; der sei ein seelentiefer Mann mit einem großen Herzen.

Der Loisel schob das vor sich her, fürchtete, den Großvater zu verletzen, und wenn er droben war im Berg, durchpirschte er das hohe und das niedere Holz rastlos wie von mysteriösen Geistern geführt. Der Achterbock verfolgte ihn in Gedanken und es half ihm nicht, dass er sich mit aller Kraft dagegen wehrte. Warum war der Bock gesteilt, wenn die Kugel nur über ihn hinweg- oder an ihm vorbeigepfiffen war? Er hatte abends nach dem Schuss das Büchlein zur Jägerprüfung hervorgeholt und lange die Zeichnungen von den Schusszeichen angeschaut. Dort war der Blatt- und Kammerschuss beschrieben, wie er ihn an seinem Bock beobachtet hatte. Der aber war nicht auffindbar in der Dickung und in den hohen Fichten, 300 Meter tiefer; konnte er mit einem Blattschuss so weit flüchten?

War er wieder ruhiger, dann sah er auch die Sternchen des Steinbrechs und das zarte Lila der Spornveilchen im Hang. Er nahm das Orangerot des Dukatenfalters wieder wahr und hatte wieder Muße, die Krabbenspinne auf der Blüte des Hahnenfußes bei ihrer heimtückischen Jagd zu beobachten. Die besonnene Aufmerksamkeit, die im Jagdfieber vorübergehend verlorengegangen war, kehrte allmählich zurück mit jeder neuen Stunde im Berg. Er war wieder glücklich.

Eines Nachmittags, es hatte ihn wieder einmal von der Hüttenbank weg zum Grat gezogen, wo er seinen Bock anzutreffen hoffte, kürzte er den Weg durchs Krummholz ab und stieß dabei auf ein verludertes Reh, dem der Grind fehlte; der war am oberen Halswirbel abgetrennt. Fuchs, Marder und Kolk hatten vermutlich ein reichlich Mahl gehalten, denn vom Wildbret war nicht viel übrig geblieben, und die mächtigen Adler wagten sich in das fast undurchdringliche Holz nicht hinein.

Der plötzlich aufflackernde, schreckliche Verdacht bestätigte sich zehn Schritte bergwärts. Dort hing der völlig verweste Grind des Achterbockes im dichten Gerank. Loisel kniete nieder, packte das Gehörn und zerrte es hervor, aufgewühlt und fassungslos fuhr er über die Perlung, die dicken Rosen. Was er damals als gleichmäßige, blanke Zacken erkannte, waren wohlgeformte Sprossen.

Mit dem Waidblatt kratzte er die Haut- und Fleischfetzen vom Grind und verstaute ihn in seinem Hemd. Freude war nicht mehr in ihm, er bereute den Schuss, schämte sich. Zerrissenen Geistes, schwitzend aus allen Poren, stieg er ab, benahm sich wie ein Dieb dabei, der er auch war, und versteckte den Grind hinter dem Kaminholz vor der Hütte. Er würde das Gehörn abschärfen und mit in die Werkstatt nehmen und eines Tages einen stolzen Bock lebensgroß dazu schnitzen und seinem Achter damit ein würdiges Denkmal setzen!

Der Loisel war dann lange in Garmisch-Partenkirchen geblieben, viele Wochen, in denen er geradezu besessen an einer großen Marienfigur und an den Aposteln arbeitete.

Einmal im Spätsommer besuchte die Mutter ihn, brachte ihm frischen Rauchschinken mit und harten Käse von der Alm. Sie erzählte, dass im Berg wieder gewildert wird.

»Der Satan muss im Spiel sein, dass der Wildschütz sich durch des Holder Rupperts Tod im Berg nicht abschrecken lässt«, sagte sie, und der Loisel hatte aufmerksam zugehört und gefragt, wer denn daheim von der Wilderei rede?

»Im krummen Holz oberhalb der Hütte fand der Huber Toni ein Reh ohne Kopf, das der Fuchs arg zugerichtet hat, und der Stocker Ernst will am Fronleichnamstag einen Schuss gehört haben droben, an so'm heiligen Tag mitten in der Prozession!«

Dem Loisel wurde es ganz heiß unter der Weste, als die Mutter das erzählte, aber er war Manns genug, die Sach' locker zu nehmen.

»S' wird viel gered't im Berg«, erwiderte er wie beiläufig, während er den Meißel geschickt durchs Holz trieb.

Als zu Sankt Nikolaus die Marienfigur aufgestellt und gesegnet war und die Arbeit in der Werkstatt wieder den normalen Tageslauf nahm, suchte der Loisel im Gestell das abgelagerte Zirbelholz, aus dem er in nur zehn Wochen einen lebensgroßen Rehbock herausstilisierte, auf dessen Grind er das stolze Achtergehörn setzte.

Im darauffolgenden April stand der kapitale Rehbock viel bewundert in der Eingangshalle zur Jagdausstellung in München und brachte dem Meister viel Lob und Anerkennung ein und seiner Werkstatt lukrative Aufträge für einige Jahre.

Der Bezirkshauptmann aus Innsbruck, der bei Seefeld eine kleine Bergjagd gepachtet hatte, stand eines Tages lange vor dem Prachtbock aus Holz mit dem einzigartigen Achtergehörn.

»So einer trieb sich bei Leutasch umher und die Jager hab'n sich abgemüht, ihn zu erwischen, vergeblich, den hatte der Wandertrieb gepackt«, sagte er nachdenklich, als der Loisel hinzukam.

Wenn er jetzt fragt, woher das Gehörn kommt, muss ich lügen, vergib' mir, Vater im Himmel, flehte er. Doch die Frage blieb aus und der Loisel sagte leise zum Bezirkshauptmann aus Innsbruck:

»Das ist wahrhaftig einer aus dem Gebirg', man sieht's ihm an!«

Dinner bei Ottokar

In einem verträumten Winkel des hohen Spessarts liegt ein kleines Dorf, 15 alte Höfe, versteckt hinter gewaltigen Eichen und Linden.

Im Fachwerkhäuschen gleich hinter der Holzbrücke wuchs Ottokar Rübesam auf. Er wurde erwachsen, ohne aufzufallen, und das gefiel ihm nicht. Nach dem großen Krieg aber änderte sich das, er war reich geworden, steinreich, denn er hatte im richtigen Moment das Richtige getan.

Vom Pferdeschlachter in der Kreisstadt erwarb er zwei abgewrackte Dülmener Kriegspferde, deren eines auf einem Auge blind war, das andere rechts hinten lahmte. Das Holzgestell eines alten Heuwagens baute er um, stabilisierte es mit Eisenbändern und versah das fertige Gefährt mit der Gummibereifung eines ausgemusterten Wehrmachtsanhängers.

Der Malermeister Pöppelstroh, mit dem er schon während der Schulzeit kleine Geschäfte gemacht hatte, schenkte ihm ein Holzschild mit der Aufschrift: »Fuhrunternehmen Ottokar Rübesam«, und die Erna, seine Frau, die etwas von der Buchführung verstand, kaufte eine gebrauchte Schreibmaschine vom Bäcker Hölderlein und einige Quittungsblöcke.

Als Ottokar zum ersten Male stolz und erhobenen Hauptes durch sein Dorf fuhr, mit neuem Filzhut und abgewetzter Lederjacke, war er überzeugt davon, mit kleinen Transporten ein gutes Geld zu verdienen; er dachte an den Kohlenhändler Huber dabei und an die Bauern, die immer etwas zu fahren hatten.

Vielleicht würde er eines Tages Umzüge tätigen oder wertvolles Mobiliar über Land transportieren, dachte er. Aber die Bauern grinsten nur, wenn er vorüberfuhr, und einmal fragte einer, ob er ihm zwei Fuhren Mist vor das Dorf karren könne?

Ottokar lehnte ab, war erbost! In seinen kühnsten Träumen wäre er so weit nicht heruntergekommen und abends saß er schweigend neben seiner Frau Erna am Küchentisch, zählte die Blasen auf seinem Bier und leerte das Glas erst, als die letzte Blase des Schaums geplatzt war.

An einem dieser stumpfen und dumpfen Abende kam ihm die lebensverändernde Erleuchtung!

Verstreut in den Wäldern des Spessarts lagen die zertrümmerten Reste der Wehrmachtsfahrzeuge umher; die letzte Schlacht im Tale hatte so viel Eisen in der Landschaft hinterlassen, dass es an der Zeit war aufzuräumen, aber daran dachte zunächst nur der Ottokar Rübesam. Die Gehirne im Landratsamt, das gerade wieder seine Arbeit aufgenommen hatte, waren vorerst auf die wiedereinzuführende, kommunale Ordnung fixiert, sodass Blech und Eisen im Wald bei ihnen kein Interesse fanden. Er würde einsammeln, was zu bewältigen war und seine Wiese hinter dem Hof zum Schrottlagerplatz machen.

So geschah es denn und Ottokar legte innerhalb weniger Monate den Grundstock für seinen Reichtum. Er schlief in dieser Zeit kaum länger als vier Stunden am Stück und war von der Morgendämmerung an bis weit in die Nächte hinein mit seinem altersschwachen Gefährt unterwegs in den ausgedehnten Wäldern. Ottokar aß nur noch nebenbei aus der Jackentasche heraus und in die Badewanne stieg er nur noch am Sonntagmorgen, wenn die Bauern, die sich Christen nannten und damit ihre großen und kleinen Mogeleien vertuschten, in die Kirche liefen. Aber auch am Sonntagnachmittag war Ottokar mit dem Fahrrad in den Wäldern unterwegs, um neue Fundstellen auszukundschaften.

Seine Hände waren aufgerissen und voller Schwielen, sein Herz aber schlug kräftig in der Zuversicht, dass er das einzig Richtige tat, um eines Tages die quälende Armut in der Einöde des kleinen Nestes verlassen zu können, die sich täglich beim Gang über den Hof zur »Donnerbude«, wie er sein Bedürfnisörtchen nannte, in entwürdigender Weise offenbarte.

Dass er Diebstahl am Gemeingut beging, fiel ihm nicht ein, und als er nach zwei Jahren des mühevollen Sammelns mit dem alten Eisen einen einträglichen Handel betrieb und die ersten Neider, die die Nachkriegswirren verschlafen hatten, ihm das Leben schwermachten, beschützten ihn einflussreiche »Freunde«, die ebenfalls vom Blech und vom Eisen lebten und nebenbei noch ein paar andere Gaunereien betrieben.

So nahm die seltsame Geschichte des Ottokar Rübesam, der auszog, das große Geld zu machen, ihren wundersamen Verlauf und schon im zehnten Jahr seiner »Eisenzeit« zogen Ottokar und seine Frau Erna in eine weiße Villa, die auf einem Hügel thronte, und Ottokar trug fortan nur noch Maßanzüge und Seidenhemden von »Voulars, Paris«, und er kurvte durch die Landschaft mit einem silbergrauen Mercedes 300.

Die Leute, die in der weißen Villa auf dem Hügel ein- und ausgingen, waren Schlitzohren wie der Ottokar und sie besaßen bei aller Dummheit die Begabung, andere, die glaubten, mit Ehrlichkeit schadlos durchs Leben zu kommen, zu betrügen.

Es musste dies wohl das große Geheimnis des Erfolges derer von Ottokar & Co. sein. Sie mischten überall dort mit, wo Verworfenheit zum Himmel stank wie die Jauchegruben der kleinen Bauern in Ottokars Dorf.

Wenn Ottokar in den »Goldenen Stern« kam, ließ er stets zwei Runden »springen«, und die Kellnerin erlaubte ihm, in ihren Po zu kneifen, weil er an der Theke zu ihren Gunsten aufrundete.

Im 15. Jahr war nicht nur das Bankkonto dick und fett, sondern auch Ottokar Rübesam vom Kinn bis zum Nabel, sodass seine Hemden jetzt Sonderanfertigungen einer Frankfurter Schneiderei waren. Die Rübesams besaßen nun alles, was ihnen Glanz und zweifelhafte Würde verlieh. Der Gärtner kam aus dem Spreewald, der Chauffeur aus dem Saarland und der Butler Jonas aus England.

Die Alarmanlage am Haus hatte 200 000 Mark verschlungen, aber die Rübesams vergaßen in munterer Regelmäßigkeit, sie abends vor dem Zubettgehen einzuschalten.

Abermals saß Ottokar schweigend neben seiner Frau Erna, dieses Mal im Salon im weißen Leder, und er sah trübsinnig in den perlenden Krimsekt, beobachtete die winzigen Luftbläschen, die munter aufstiegen und oben zerplatzten. An diesem ebenfalls stumpfen und dumpfen Abend kam ihm die zweite lebensverändernde Erleuchtung! Er musste Jäger werden und eine große Jagd pachten, dachte er, und schon ein Jahr später auf den Tag genau, an dem er abends stumpfsinnig und freudlos in den Krimsekt gestarrt hatte, trug er den Jagdschein in der Tasche und im Panzerschrank neben dem Schlafgemach standen die teuersten Waffen, die aufzutreiben waren. Mit dem Kauf der Waffen schrumpfte die Angst, die mit dem Wohlstand geboren war, auf ein erträgliches Maß, aber sie wucherte untergründig weiter wie eine Pilzbrut.

Als Ottokar schließlich die 1000-Hektar-Jagd im Taunus weit über dem realistischen Pachtpreis erwarb, grüßten ihn endlich auch die Herren in den oberen Etage des großen Autokonzerns, worauf er gierig gewartet hatte, und jene Geschniegelten im Präsidium, die nur über zwei Sekretärinnen zu erreichen waren, welche ihren eingeübten Text wie gurrende Täubchen herunterleierten, gewährten ihm ohne Umschweife Einlass.

Es war wieder einmal Dinnerzeit.

Der Butler Jonas, silbrig sein spärlicher Haarschmuck auf dem kleinen, kürbisrunden Kopf und dunkelgrün die Weste auf weißem Hemd, grinste bis zu den Ohren, wobei er den Blickkontakt mit dem eintretenden Gast vermied, denn der Butler Jonas war von so ehrlichem Gemüt, dass der Gast, wenn dieser nüchtern war, sofort bemerkt hätte, was der Jonas von ihm hielt.

Jonas dachte immer dasselbe. In jedem von Rübesams Gästen sah er, der aus Passion Butler war, aber unterbezahlt und ausgenutzt wurde, einen armen Wurm in der Gosse des Wohlstandes; spätestens nach Mitternacht verloren die gefräßigen Damen und Herren nämlich ihren am Tage wohlgehüteten Glanz und auch die feine Sprache, die sie in der Öffentlichkeit so vornehm erscheinen ließ.

So entwickelte sich auch dieser märchenhaft schöne Adventabend, an welchem die sinkende Sonne den von dickem Schnee eingehüllten Wald ringsum in ein rotgoldenes Licht eintauchte und der Schnee vor Rübesams Villa entsetzlich knirschte, als schreie er, wenn die protzigen Karossen über ihn hinwegfuhren.

Frau Meier-Riemle war die erste, die, in Ozelot verpackt, aus dem nur noch das faltige Gesicht, das sie mit Puder mädchenhafter zu machen versuchte, in den Flur stürmte und Jonas mit überschraubter Stimme begrüßte.

„Ziehen Sie sich warm an, Joni, damit sie nicht noch mehr schrumpfen bei dieser Kälte, ha, ha, ha!«

»Selbstverständlich, gnädige Frau«, lächelte Jonas und sah, wie wohl Frau Meier-Riemle die Anrede »gnädige Frau« tat.

Ottokar Rübesam war auch schon da und seine nach Parfüm duftende Frau Erna, die sich mit ausgestreckten Armen auf Frau Meier-Riemle zubewegte.

»Sie sehen ja bezaubernd aus, meine Liebe, das Kleid hat ja wohl ein Vermögen gekostet?«

Jonas, der immer nur das eine, sich niemals verändernde Lächeln zur Schau trug, quälte sich indes an der Garderobe mit dem schweren Ozelot ab und dachte, dass Frau Meier-Riemle in dem grünen Abendkleid wie der grüne Laufkäfer aussah, den er im Sommer im Garten versehentlich zertreten hatte.

Es folgten die Appeldörs, die am Rande der Stadt mit Altpapier handelten. Ottokar begrüßte die beiden mit dem Festtagsgesicht eines Großfürsten, so etwas schräg von oben herab.

»Scheußliches Wetter heute, 's ist Winter«! (Ja, es war Winter!)

Erna öffnete abermals ihre Arme und stürzte sich als überglückliche Gastgeberin auf Frau Appeldör.

»Sie sehen ja bezaubernd aus, meine Liebe, das Kleid hat ja wohl ein Vermögen verschlungen?«

»Meine Schneiderin ist eine Begabung, nicht wahr? Das Schneidern hat sie nicht mal erlernt!«

Jonas dachte, dass die beiden schon sehr wie die Gurkenfässer in der Markthalle aussahen, aber das machten vermutlich die kurzen Beine, die wahrlich Mühe hatten, die auf ihnen thronenden kapitalen Körper zu tragen.

Frau Appeldör hatte wieder ihren Schmucksafe geleert und kasteite sich mit den massiven Goldbehängen, Ketten und Ringen, die ihren Fingern die Bewegungsfreiheit nahmen. Nur mit Mühe und allerletzter Kraft kroch sie aus dem schwarzen Lammfell, blieb mit den Armreifen immer wieder hängen. Sie war ein wandelnder Juwelierladen und so bewegte sie sich auch durch die Zimmer, immer etwas nach vorne gebeugt.

Herr Appeldör nahm die schwarze Zigarre nur dann aus dem Mund, wenn er am Büfett seinen Lieblingskäse aussuchte, wobei er die anderen Happen mit seinen kurzen, dicken Fingern zur Seite schob. Jonas sah, dass Asche von der Zigarre auf die Käseplatte rieselte und Herr Appeldör die bestreuten Happen einfach wendete und fröhlich seinen Käse suchte.

Der Viehdoktor Rümpele verspätete sich wie es immer seine Art war. Er brachte einen gewissen Herrn Ludmannson mit der im Landesjagdverband für die geordnetete Durchführung der jährlichen Dressurprüfungen verantwortlich zeichnete und von allen Anwesenden die manierlichste Erscheinung war. Doktor Rümpele packte wieder sein eigenes Silberbesteck aus und zwei Kristallgläser, die er Jonas in die Hände drückte und ihn bat, alles »Zeugs« nochmals in der Küche zu spülen.

Seitdem Rümpele in einem Feinschmeckerlokal einen mit Spinat verklebten Löffel unter dem Besteck gehabt hatte, speiste er außerhalb seines Hauses grundsätzlich nur noch mit dem eigenen Besteck und trank aus seinen eigenen Gläsern, was bei einigen seiner Gastgeber zu Verstimmungen führte. Seine Angst vor fremdem Schmutz ging so weit, dass er nach einer Treibjagd einmal die Bohnensuppe verweigerte, obwohl er ausgehungert war nach dem langen Jagen, aber er hatte seinen Löffel vergessen.

Erna Rübesam war entzückt, als sie erfuhr, dass der schöne Herr Ludemannson »Kynologe« war. Nach der überaus herzlichen Begrüßung, wobei Erna Rübesam in kindlicher Verlegenheit errötete, weil der Herr Ludemannson so ein feiner Mann war, nahm sie ihn beiseite und schüttete ihm ihr Herz aus und zwar so heftig, dass er auffallend nach Luft schnappte und etwas sagen wollte, die Erna ihm aber jeden Ansatz zum Sprechen nahm.

»Ich brauche Ihren Rat, Herr Doktor, es ist der Unterleib, täglich Schmerzen bis zur Gürtellinie«, jammerte die Erna und Herr Ludemannson hob ein paar Mal die Arme hoch und errötete nun auch und in seinen Augen lag das blanke Entsetzen.

»Aber Frau Rübesam, bitte«, dämpfte er Ernas Redeschwall, aber sie war nicht mehr zu bremsen.

»Die Ärzte faseln immer nur von den Wechseljahren, Herr Doktor, da steckt Schlimmeres dahinter!«

Alfons Rümpele hatte ein paar Brocken aufgeschnappt und war über Ernas Erregung sehr erschrocken. Er erkannte die Hilflosigkeit seines Freundes Ludemannson.

»Der Balduin ist Hundewissenschaftler, Kynologe, nicht Frauenarzt, Frau Rübesam«, rief er lachend aus, und die Erna huschte augenblicklich schreckensbleich in die Toilette.

Da Ottokar Rübesam auf den pompösen Einladungskarten Jagdgrün zur Kleiderpflicht gemacht hatte, sah das sich steif und unnatürlich durch die Räume bewegende Häuflein wie die Trauergemeinde bei einer Jägerbeerdigung aus. So war das beim Grabgang für den Oberförster, dachte Jonas voller Witz. Damals waren die Damen und Herren ebenso steif dem Sarge nachgelaufen. Erst drei Stunden später, als sie bei Bockbier und Schweinebauch das »Tröstermahl« im alten Forsthaus feierten, hatten sie wieder locker und frei gewirkt.

Jonas wusste, dass Gäste und Gastgeber heute spätestens nach der fünften Flasche Champagner ihre fröhliche Treibjagd anblasen würden! In der Chippendale-Ecke hinter dem Kamin eröffnete Frau Meier-Riemle bereits den Reigen ihrer Bildungsplattitüden.

„Habt ihr euch in eurer Ranch inzwischen assimiliert?«

Ottokar, der sich überfordert fühlte, antwortete zornig, sie solle gefälligst deutsch mit ihm reden oder den »Äser« halten, was die Erna, die mit verheulten Augen aus der Toilette kam, veranlasste, ihren Mann einen »Knieper« zu nennen. Er solle besser mit den »alten

Hirschen« drüben im Billardzimmer »knören«, als hier den dicken »Watz« zu spielen.

Frau Appeldör fand Ernas Schützenhilfe für Frau Meier-Riemle so stark, dass sie ihr einen ihrer goldenen Armreifen als »Abschussprämie« anbot. Stolz lehnte die Erna ab, sagte, dass sie vermutlich an der »Enteritis« leide, von wegen der Unruhe im Bauch, aber das sagte sie nur, weil Frau Appeldör der peinliche Auftritt im Flur nicht entgangen war.

Mechanisch bewegte Jonas sich durch die Zimmer, einmal mit der Zigarrenkiste, dann mit der Champagnerflasche. Die Damen wünschten die französischen Schokoladentrüffel, die Erna eigens aus Frankfurt mitgebracht hatte, die Herren einen Whisky mit Eis zwischendurch, obwohl Ernas zeternde Stimme die »Enteritis« anmahnte, die durch das »Durcheinandergesaufe« entstünde.

Jonas schnappte noch viele neue Worte auf, die er aber seiner Stellung entsprechend nicht in die Tiefe seines Geistes eindringen ließ. Einmal aber wurde er neugierig.

Ottokar Rübesam sprach sehr gewählt von der »Melioration« und das mehrere Male hintereinander mit einer seltsamen Betonung, zu der die anderen Herren mit Trauermienen nur kurz nickten, aber schwiegen; Jonas vermutete, dass sie das mit der »Melioration« wohl nicht verstanden.

Als er abkömmlich war, verschwand er in der Bibliothek und nahm das Lexikon mit in die Küche. Danach überlegte er, was er seiner Stellung entsprechend nicht durfte, welche Bedeutung wohl die »Verbesserung des Bodens« beim Dinner habe?

»Reduzenten« schnappte er von Ottokar noch auf, hätten den Boden vor der Villa wieder veredelt.

»Schwätz, wie dir's Maul gewachsen isch«, rief Alfons Rümpele erregt in Ottokars geschwollenen Redeschwall hinein. »Sag', dasch de Mischt druffgekarrt hascht un' jetzete des Gras wieder wächst!«

Ottokar war kurzzeitig blass geworden um die Nase herum und schnappte, Herrn Ludemannson hilfesuchend ansehend, nach Luft, hatte sich aber rasch wieder in der Gewalt.

»Ich meine ja nur«, stammelte er kleinlaut, fühlte sich ertappt.

Balduin Ludemannson wankte mit gefährlicher Schräglage durch die Tür.

»Musst du nässen?«, schrie Ottokar ihn an. Ludemannson nickte.

»Am Ende rechts! Und reiß ja die Luke auf, wenn du eine Duftmarke setzt!«

Wenn die so stinkungebildet sind, dachte Ottokar, dann red' ich halt jägerisch. Jonas erklärte er auch sogleich, dass sein »Pansen« gewaltig drücke, weil er Hunger habe, und er solle den »alten Grandeln« drüben Bescheid sagen, dass sie sich zur »Äsung« einfänden. Als er seinen massigen Körper aber aus dem gepolsterten Sessel hob, hatte er das Leiden wieder in den Knochen, was ihn zu einer langsamen Gangart zwang.

»Als Folge meiner ›Luxation‹, hab' ich meinem Erzeuger zu verdanken«, jammerte er, doch Alfons Rümpele hielt ihn für blöde und ging auf seine Lexikaweisheiten nicht mehr weiter ein. Er gab dem Cognacrest im Schwenker einen gefährlichen Schuss Whisky bei, schüttelte das Glas heftig und kippte das flüssige Gold in seine Kehle.

Noch während Jonas auftrug, begann Frau Appeldör bereits zu speisen. Sie lief eine Weile gabelbewaffnet um den Tisch herum und balancierte schließlich schnell und geschickt das größte Cordon bleu auf ihren Teller, auf dem die Kroketten schon gefährlich nah an den Rand rollten. Als die Männer zu Tisch kamen, rülpste sie aus tiefstem Schlund, was versehentlich geschah und ihr die Schamröte ins Gesicht trieb.

»Es röhrt der Hirsch auf weiter Flur, ach nein, es ist die Hirschkuh nur«, lästerte Ottokar mit nasaler Stimmer und alle lachten, dass

Frau Appeldör feuchte Augen bekam. Aber schon eine Minute später schrie die Erna den Ottokar an.

»Du hast die Soße am Gebrech«, rief sie erregt. »Du bist nicht mehr zu ertragen!«

Wäre Balduin Ludemannson, der sich wieder etwas erholt hatte, nicht aufgestanden, um für Ottokar, der Worte nicht mehr aneinanderreihen konnte, die Tischrede zu halten, hätte die Erna vermutlich mit der Gabel zugestochen.

Balduin Ludemannson stützte sich mit den Händen auf die Tischplatte und sagte abgehackt und stotternd:

»Liebe Nimrode und -rodinnen, nachdem wir uns nach dem Begrüßungsalkohol wieder regeneriert haben, wollen wir das Saftmahl, äh, das saftige Mahl nun fröhlich dem ›Gescheide‹ zuführen, äh, liebe Rübezahls, wir danken euch für die Einladung in eure Remise! 'N knittriger Rausch ist erlaubt in der Rauschzeit. Nun mümmelt mal schön, schön!«

Er hob sein Glas, strauchelte und rutschte hart auf seinen Stuhl zurück, wobei er den »Roten Kaiserstühler« über seine Hose kippte.

Sie lachten Tränen, klatschten laut in die Hände und saßen dann mit versteinerten Mienen über ihren Tellern und Frau Appeldör sagte: »Ich bin gefüllt!«

Jonas erwartete, dass Erna Rübesam noch einmal ihre »Enteritis« ins Gelage brächte, aber das tat sie nicht. Die Erna beugte sich zu Balduin Ludemannson und reichte ihm eine Serviette.

»Lunde in Rotwein, ebbes Neues«, trällerte sie, aber das verstand der angesäuselte Ludemannson nicht, der nun aufsprang und zur Toilette lief, gefolgt vom Ottokar, der ihm eine seiner abgetragenen Hose nachtrug.

Als Balduin Ludemannson nach einer Weile wieder im Zimmer erschien, brüllten sie sich heiser, denn vom Balduin waren in der Hose nur noch Arme und Kopf zu erkennen; den Gürtel hatte Ottokar so fest unter den Achseln zugezogen, dass der Balduin fast keine Luft mehr bekam.

Frau Meier-Riemle, die vor Freude von ihrem Stuhl rutschte, schrie in ihrer miesen Art: »Ottokar, du musst ihn in Bauer Kustermanns Maisfeld stellen, dann bleiben die Sauen im Wald!«

Gegen zwölfe balancierte Jonas auf einem Silbertablett mächtige Kristallschwenker mit Vanilleeis und Schlagsahne in den Salon, wo die Damen inzwischen in den Lederpolstern versunken waren. Mit glasigen Augen und nasalen Stimmen referierten sie über den misslungenen Jägerball. Jonas hörte Frau Meier-Riemle zetern, dass die Jungen mit ihrem Jazz und Pop das Fest kaputtgemacht habe.

»Das hatte mit der Jagd wirklich nichts mehr zu tun«, stimmte Erna Rübesam zu.

»Früher kamen wir im feinsten Jagdgrün und die Männer haben festlich geblasen. Heutzutage schleppen die Jungen ihre unerzogenen Weiber mit, die nur noch Läpple am Ranzen tragen.«

»Ja, so isch's, eine einzige Fleischbeschau, kein Jägerball«, fiel Frau Appeldör empört ein und die Erna erklärte feierlich: »Wenn mein Ottokar erst Jägermeister isch, dann kommt die alte Ordnung wieder! Feines Jagdgrün, christliches Blasen und vornehme Tänze. Dann kommen auch die Pfarrer wieder.«

»Jägermeister«, dachte auch der Ottokar zwei Zimmer weiter laut. »Jägermeister Ottokar Rübesam, das wäre die Krönung!«

»Du? Jägermeister?« Alfons Rümpeles Stimme dröhnte furchterregend durch die Gemächer.

»Ein Jägermeister muss gebildet sein und auch von den Menschen was versteh'n, nicht nur vom Schrott«, rief er erbost und Balduin Ludemannson, den der Whisky jetzt voll im Griff hatte, malte mit beiden Händen ein Viereck in die Luft.

»Ich seh' die Überschrift in Eurem Käsblatt ... ›Vom Schrotthändler zum Jägermeister‹!« Das machte den Ottokar wütend.

»Der Schrott, Schrott, Schrott macht's möglich, dass du dich bei mir durchsaufen und durchfressen kannst, will sagen, dass du ein Schleimer bist! Daheim den Kitt von den Fenstern nagen, aber bei Ottokar Rübesam den kapitalen Hirsch spielen. Du fliegst aus dem Kreisverein, wenn ich Jägermeister bin, Jägermeister bin!«

Jonas traf sie mit bösen Blicken an und suchte in schlimmer Vorahnung das Weite. Er hatte das Ende des Flures noch nicht erreicht, als Balduin Ludemannson mit dem Fürst-Pless-Horn aus dem Jagdzimmer stürzte und die Türe zum Salon aufriss.

Die Damen schossen erschreckt aus ihren Polstern empor und Balduin Ludemannson blies kraftvoll »Sau tot« und »Jagd vorbei« und aus dem Jagdzimmer brüllte Ottokar Rübesam, das »Halali« müsse gefühlvoller geblasen werden.

Als Balduin Ludemannson der Länge nach hinfiel und das Jagdhorn mit mörderischem Schwung, einer Tontaube gleich, flach über den Chippendale-Tisch sauste und alles, was höher als fünf Zentimeter von der Tischplatte aufwärts ragte, mit einem ohrenbetäubenden Knall zertrümmerte, herrschte plötzlich eisige Stille wie in einer Leichenhalle, in die hinein nur die barocke Kastenuhr ihre dumpfen, monotonen Schläge trug.

Auf leisen Sohlen schlich Ottokar herbei und steckte seinen roten Schädel durch die Tür.

»Der ›Olifant‹ ist zum Blasen da, nicht zum Schießen«, sagte er leise und zu Alfons Rümpele gewandt, der ihm schwankend gefolgt war: »Jetzt schweigt 's Geraffel!«

Balduin Ludemannson rappelte sich wieder auf und murmelte etwas vor sich hin, das niemand verstand. Aber Balduin verstand sehr wohl die Erna, die sich für die Blamage am frühen Abend rächte.

»Bastard«, giftete sie.

Dann wankten alle schweigend zur Garderobe, wo der Butler Jonas grinste bis zu den Ohren, aber den Blickkontakt mit den Gästen vermied, denn der Butler Jonas war von so ehrlichem Gemüt, dass die Gäste, auch wenn sie betrunken waren, sofort bemerkt hätten, was der Jonas von ihnen hielt.

Auf dem Schnee vor der weißen Villa knirschten die Reifen der davonfahrenden Limousinen, und in der dick verschneiten Blautanne lachte der Waldkauz, der dort zu Hause war, »Hu-hu-hu, Jagd hat Ruh'!«

Die Klostergams

Philipp fand mich in der »Espe« – das ist ein schmales, verwildertes Tal unterhalb der dunklen Waldberge. Die Fichten sind hier von krüppeligem Wuchs, die Zitterpappeln krumm und die wenigen Lärchen dazwischen spindeldürr.

Philipp hatte das kleine Tal nicht seiner Urigkeit beraubt und so war es für jeden, der abseits der Wege die Stille suchte, das gewisse Fleckchen, wo man die Seele für eine erholsame Weile ins Heidekraut ablegen konnte – ihre Gesundung war sicher.

Ich malte, auf einem Wurzelstock sitzend, die krummen Pappeln, die sich von der dunklen Wand der Fichten in der Mittagssonne abhoben und dem kleinen Tal viel Lebendigkeit schenkten.

Ein Fitispärchen fütterte seine vier Jungen neben mir auf einer Brombeerrute und die drollige Gesellschaft störte sich nicht an Philipps plötzlichem Erscheinen. Er hatte den Wagen auf dem Feldweg abgestellt, als er mich entdeckt hatte und stieg herauf.

»Deine Studien im Gebirge – willst du sie weiterführen?«, fragte er interessiert.

»Ja, sobald als möglich, bestimmt aber vor dem Winter«, erwiderte ich und er lachte spitzbübisch.

»Ich hab' was für dich, die wildesten und verrücktesten Bäume im Berg!« Philipp setzte sich neben mich und zog einen Brief aus der Jackentasche.

»Mein Lehrprinz Hagen von Erp hat mir eine Gams freigegeben, in vier Wochen muss ich in Tirol sein, kommst du mit mir?«

»Wenn er mich duldet?«

»Hagen ist ein wunderbarer Mensch, still, großherzig, unaufdringlich vornehm, du bist ihm willkommen!«

Es folgte eine aufregende Zeit der Vorbereitung, wir benahmen uns wie Kinder, die täglich ein Fenster im Adventskalender öffnen und das Christkind herbeisehnen.

Eines Abends sah ich Philipp in der Küche am Spültisch. Vor ihm auf einem Tuch lagen Knöchelchen, die er säuberlich abschabte und in Seifenlauge mit einer alten Zahnbürste bearbeitete. Die kleinen Knochen hatte er aus Aufenau vom dortigen Metzger mitgebracht. Er sah mein Erstaunen.

»Kaninchenknochen! Hagen wünscht sich ein paar neue ›Wusperl‹«, sagte er lächelnd, aber das verwirrte mich noch mehr.

»Wusperl?«

»Ja, Lockpfeifchen, die dem Haselhahn den Kopf verdrehen, ihm die Ruhe nehmen! Gelingen nicht immer, deshalb die vielen Knochen. Hat Vater mir beigebracht und der hatte es von einem Jäger aus Sundsvall.«

Abends am Kaminfeuer schnitzte er mit Hingabe winzige Kerben in die Knöchelchen und feine Schlitze und versuchte, den Liebesruf des Haselhuhnes nachzuahmen. Was er da aber aus den Dingern herauszauberte, war ein schreckliches Gefiepe, dass die Cocker Spaniels, die bislang auf ihrer Decke neben der Tür ruhten, augenblicklich zu Todverbellern wurden, was ihre Art nicht ist. Mit aufgestellten Ruten bellten sie Philipp an und Heide lachte Tränen.

»Nimm's mir nicht übel, Philipp, aber das Ding ist hervorragend für die Drückjagd im Oktober geeignet«, sagte ich behutsam, um ihn nicht zu verärgern. Er nahm es mit dem gleichen Humor und meinte, dass die Töne ein bisschen an den Babyruf eines jungen Elefanten erinnerten. Doch ein Philipp Suhl gibt nicht auf!

Am vierten Abend im Jagdzimmer gelang es ihm endlich, mit dem »Wusperl« den Lockruf des liebestollen Haselhahnes nachzuahmen, was auch die beiden Cocker Spaniels akzeptierten. Sie blieben still auf ihrer Decke liegen und schauten interessiert auf das Knöchelchen an Philipps Mund. Er war sicher, dass ihm dieses eine »Wusperl« wirklich gelungen war; die vier anderen brachten es nur auf schiefe Töne. Immer wieder unterbrach er unsere Unterhaltung und fiepte konzentriert den scharfen, durchdringenden Pfiff, das »Spissen«, und war begeistert.

Drei Wochen später war Hagen von Erp voll des Lobes.

»Philipp, ein Meisterwerk! So eine Locke gibt's nur einmal.« Das war Jubel in Philipps Ohren.

»Habe das letzte ›Wusperl‹ von dir übrigens einem lieben Jagdgast aus dem Schwarzwald geschenkt, der steckt dort in Bestandsaufnahmen beim Haselwild.«

Wir bezogen die flache, steinbeladene Blockhütte unweit des am Eingang eines tiefen Tales gelegenen Wallfahrtskirchleins. Philipp nannte es »Kirchlein«, als ich aber vor der Dämmerung noch einen kleinen Erkundungsgang unternahm, war ich überrascht, ein klosterähnliches, auf einem Fels trotzendes Gebäude vorzufinden, dessen altehrwürdiges Gemäuer von wilden Laubbäumen umgeben war. Die rauen Wetter hatten Dach und Putz arg mitgenommen, aber es strahlte eine mysteriöse Ruhe aus.

Beim blutroten »Tiroler« abends, nachdem das offene Feuer den kleinen Raum erwärmt hatte, fasste ich den Mut, vom Jagdgeschehen abzulenken und Hagen – er hatte mir gleich nach unserer Ankunft das waidmännische »Du« angeboten – zu fragen, wer denn in dieser himmlischen Einsamkeit lebte und wirkte?

»Ein Klösterl ist's in Verwandtschaft mit dem Stift drunten, aus dem die Benediktinermönche in den Kriegswirren früher nach hier oben flohen.«

Nun war die Jagd zweitrangig. Hagen plauderte von den Mönchen, von Begegnungen mit vielen interessanten Menschen, die den mühsamen Weg durch Tal und Fels nicht scheuten, um in der Einsamkeit des »Klösterl« zu beten und die Sorgen des Alltags für ein paar Stunden zu vergessen. Ich mochte ihm gerne zuhören. Er hatte eine angenehme, ruhige Stimme und ging in einer selten vornehmen Art auf seine Zuhörer ein; wer hatte diese Begabung in unserer schnelllebigen, hektischen Zeit noch?

Weit nach Mitternacht krochen wir in die Federn. Nur Hagen zeigte keine Spur von Müdigkeit.

»Der Peter Ohlig, mein Revierjäger, wird dich Morgen in der Frühe führen, wenn Philipp mit mir seinen Gamssteg ausgeht. Schau mal ins ›Klösterl‹ rein, wirst überrascht sein. Und lass' dir vom Peter die kriechenden Ahorn zeigen und die gespaltenen Arven im Fels, so was von Urbäumen findest in deinem Spessart nicht.«

Philipp hatte mir erzählt, dass Hagen von seinen Gästen zwei Tage »Jagdabstinenz« verlangte mit der Verpflichtung, diese Zeit zur Erkundung des Revieres zu nutzen. Kommen und schießen waren bei ihm verpönt! Philipp hatte miterlebt, dass ein paar Ungeduldige, die knapp nach ihrer Ankunft zu Schusse kommen wollten, sofort wieder ihre Koffer packten, weil Hagen das nicht zuließ. Auch hatte er das Geld, das für die Gams zu zahlen war, nicht so nötig, dass er Ausnahmen dulden müsste.

»Was zahlst du für die Gams?«, fragte ich Philipp.

»Ich bekomme sie im Tausch für das ›Wusperl‹«, antwortete er schelmisch, fügte aber gleich hinzu, dass Hagen das Wildbret selber verwerten würde, die Krucken aber auf das Eichenbrettchen kämen, das er vor unserer Abreise lackiert hatte.

»Gamswildbret ist nicht jedermanns Sache, Heide mag es nicht essen. So gewährt Hagen mir die Sonderregelung, das Erlebnis gehört mir alleine.«

Peter Ohlig war ein kräftiger Mittdreißiger mit pechschwarzen Haaren und einem ebenso dunklen Vollbart. Die Arbeit im Berg war ihm anzusehen, die vom Wetter gebräunte Haut ein sicheres Zeichen rauer Natur. Dass die Augen etwas über den Charakter eines Menschen aussagen, ist eine alte Weisheit; während meiner Dienstzeit fand ich diese Beobachtung viele Male bestätigt. Und so lag ich dieses Mal wieder richtig in der Annahme, dass es sich bei Peter um einen anständigen und gottesfürchtigen Mann handelte, dem Hege und Jagd ein wahrhaft herzliches Anliegen waren. Er war ein schweigsamer Mann, eben ein rechter Jäger.

Um acht Uhr in der Frühe stiegen wir in den Berg ein. Das war spät am Morgen, aber die Nacht schlich im September so zäh und langsam durch die Schluchten, dass sie uns im Wald noch über eine Stunde lang begleitete.

Ich zügelte meine Neugier, was mir schwerfiel. Viele Pflanzen und ihre Blüten, die unseren Aufwärtspfad säumten, oft versteckt aus nassem Kraut hervorlugend, kannte ich, aber ebenso viele gaben mir Rätsel auf. Feinfühlig wie er war, erkannte Peter meine Hilflosigkeit, wenn ich hier und dort eine letzte Blüte, einen Zweig betastete, ihn umdrehte oder daran roch.

Er sprach leise und hielt inne, sobald ein Vogel zu vernehmen war, als wolle er damit kundtun, dass der das erste Recht habe, sich zu äußern. Er überraschte mich mit verblüffenden Kenntnissen.

Ohne einen Anflug von Arroganz war ich bislang überzeugt davon gewesen, mich in Feld und Wald einigermaßen gut auszukennen, Peter Ohlig aber war mir darin weit voraus.

Die Farbenfülle der Bergblumen hatte sich zwar schon verabschiedet und die ersten Bäume im Hang bereiteten sich sichtbar auf den langen und rauen Bergwinter vor, doch überall am steilen Pfad felsauf leuchtete es noch in Gelb und Blau bis Lila.

Im Schatten der sich vor dem Berg duckenden Fichten prahlte in voller Blütenpracht noch der blaue Eisenhut und die Polsterflecken der Netzweiden glänzten im satten Grün ihrer Blätter, oben, wo sich die krüppeligen Fichten verabschiedeten.

Peter zeigte mir den weißgezeichneten Sandkäfer, den ich beinahe mit dem Stiefel berührte, die junge Alpenbraunelle, die hingebungsvoll ihr Gefieder putzte; ich hatte sie nicht bemerkt und auch nicht am Einstieg zum Grat die Federchen eines Berglaubsängers, der wohl Beute eines Greifvogels geworden war. Ich war nur mit mir beschäftigt, der Aufstieg nahm mich arg mit, aber Peter das zu gestehen, traute ich mich nicht. Der schritt locker voran. Wenn er etwas sagte, holte er die Luft nicht aus dem letzten Lungenzipfel wie ich. Ich wollte ihn fragen, wie viele Male er diesen verdammten Steinpfad schon hinaufgestiegen war, aber ich schwieg, weil es mich noch mehr Kraft gekostet hätte.

Dann standen wir irgendwann über einem gewaltigen, bewaldeten Berghang, der im unteren Teil in kahle Felsschroffen überging, abstürzte bis in den kleinen Bach hinein. Und in der Mitte des wilden Tales trotzte auf dem Felsstuhl das »Klösterl« wie ein Spielzeug aus dem Kinderland.

»Drüben im Gefäll steigen Philipp und Hagen der Klostergams nach«, sagte der Peter und zeigte auf den Hangwald, der dort ebenfalls steil zum Bach hinunter abfiel und tief unten das Kirchlein mit dem spitzen Turm berührte.

Der Peter machte ein fröhliches Gesicht, als er das mit der Klostergams sagte, und ich hatte den Eindruck, dass er noch etwas hinzufügen wollte, das er aber lächelnd wieder hinunterschluckte.

»Was hat's mit der Klostergams?«, stieß ich nach.

Der Peter lachte verschmitzt und suchte die richtige Antwort.

»Der Landeshauptmann hat im vorigen Jahr versucht, dem Bock beizukommen, danach der Hagen selber, im Jänner der Wirt vom ›Goldenen Adler‹ und vor ein paar Tagen noch einmal der Landeshauptmann, aber der Bock steigt nur dann ein, wenn die Jäger wieder weg sind. Der Pater Magnus sagt, dass der Bock im Schutzbann des ›Klösterl‹ steht und deshalb nicht zu erlegen ist – nun soll's der Philipp machen."

»Glaubst du das mit dem Schutzbann?«

»Das ›Klösterl‹ ist ein heiliger Ort und die darin beten, sind heilige Leut', warum sollt' ich's nicht glauben? Es gibt vieles, auf das eine Antwort nur der Herrgott weiß«, antwortete er ernst.

»Was denkst du, Peter, wird Hagen die Geschichte dem Philipp wohl auch so erzählen?«

»Weiß nicht, ich glaube nicht! Er will dem Philipp nicht die Freud' nehmen.«

»Na, dann Waidmannsheil, Philipp!«

Damit tauchte ich in die gleiche Fröhlichkeit ein wie der Peter, er hatte mich angesteckt. Es lag nichts Fremdes zwischen uns, es war, als kannten wir uns viele Jahre schon, und die Sache mit der Klostergams trug nichts Böses in sich, war eine Schelmerei von Hagen.

»Weißt', ich tät mich freuen, wenn der Philipp die Gams holt, sie ist schon lang über die Zeit«, sagte der Peter nachdenklich.

Wir stiegen durch lodernde Polster von Bärentraube und Gamsheide, minutenlang durch abgeblühte Alpenrosen, und im Stein über uns leuchtete die orangerote Wandflechte auf hellgrauem Grunde wie hingemalt.

Zu jeder neuen Entdeckung wusste Peter Ohlig eine kleine Geschichte, die aus eigener Beobachtung kam. Leise trug er sie vor, wie nebenbei, als spreche er mit sich selbst. Bergjäger sind extrem naturverbunden, hatte Philipp einmal gesagt, und dieser hier stand dafür! Er war ein pfadsicherer Geher, dem man sich bedenkenlos anvertrauen konnte, und Hagens Wunsch entsprechend führte er mich zu den »verrückten, alten Bäumen«, die knapp über der geschlossenen Baumgrenze allen Wettern trotzten, der brennenden Sonne wie dem nagenden Eissturm. Mächtige Arven, Ungeheuer im Berg, die sich mit langen, kräftigen Wurzeln im Fels festkrallten und urige Hainbuchen, die ihren arttypischen Wuchs aufgegeben hatten und nun krumm auf dem blanken Fels lagen wie Riesen, die ihre Arme ineinander verschränkten.

»Verwandtschaft vom ›Walder Riesen‹, der drüben auf der Walderalm die Leut' in Angst und Schrecken versetzte. Wenn der Großvater von ihm erzählte, bekamen wir Buben immer eine Gänsehaut.«

»So schlimm?«

»Die Leut' sagen, dass die Bäume im Wald sich bogen und zu zittern begannen, wenn der ›Walder Riese‹ schnarchte und ein Bauer einmal versehentlich mit seinem Heufuhrwerk in ein Nasenloch von ihm fuhr.«

Wie er es erzählte, sollte man es glauben!

Der Bergwald hat seinen eigenen Zauber. Die im Tal drunten, die niemals hier heraufkommen, wissen um die Sagengestalten nur aus den Schulbüchern – erleben sie nicht mit wachem Herzen, wie der Jäger im Berg ihnen begegnet. Waldgeister, Moosmännlein, hübsche Feen beherrschen den Bergwald und wenn die dicken Herbstnebel durch die Täler und über die Kuppen schleichen, dann erwachen die Riesen in den mächtigen Arven und in den krummen Hainbuchen, und sie tanzen dort oben, bis der Schnee ihnen die Bewegung nimmt und damit die Laune verdirbt.

Für eine himmlische Minute war ich in die Märchenwelt abgetaucht, dann malte ich die urigen Bäume im milden Septemberlicht und der Peter schaute mir zu. Nun aber überkam uns der Hunger und wir kauten mit Hochgenuss das Schwarzbrot und den Almkäs' und tranken Wasser vom Quellbach dazu, das der Peter vor dem Aufstieg in zwei Flaschen gefüllt hatte. So gut hatte mir Schwarzbrot noch nie zuvor geschmeckt!

»Gamserl«, sagte der Peter und deutete zum Geröllhang unter uns. Ein Rudel äste sich hangauf, Alttiere und ebenso viele Kitze, die mit ausgelassenen Sprüngen drei Geißen zu erhöhter Aufmerksamkeit zwangen.

»Drüben sind es zwei starke Rudel, dort geht Philipps Bock mit«, tuschelte Peter.

»Um diese Zeit triffst du sie immer oberhalb des Holzes, aber nur die Geißen und die Kitze.«

Es waren ein paar Tannenhäher um uns herum, schweigend aber in den Arven. Ich erwartete augenblicklich ihr Gekreische, das die Gämsen im Hang warnen würde, aber es blieb aus – vom Eichelhäher war ich Schlimmeres gewöhnt.

Als das Rudel hinter einer Felsnase verschwunden war, malte ich weiter. Dabei fiel mir unter den »verrückten Hainbuchen« eine Bewegung auf, Murmeltiere sonnten sich im Schutze der Zweige.

Peter mahnte zum Abstieg. Zwei Stunden durch Kraut und Moos, Gräben und enge Schluchten härteten die Waden. Ich zog die Füße mechanisch nach, gewöhnte mich aber rasch an Peters gleichmäßigen, lockeren Schritt und war unten an der kleinen Brücke, die zum »Klösterl« hinüberführte, stolz, nicht einen einzigen Klagelaut abgegeben zu haben.

Peter drückte die schwere Holztür auf, machte am Weihwasserbecken das Kreuzeszeichen und ließ sich auf der hinteren Bank nieder. Ich folgte ihm, es war still im Raum. Vorne bewegte sich eine dunkle Gestalt, ein Mönch, der bedächtig Sonnenblumen in eine Vase steckte.

Als ich nach einer weiteren Stunde zur Blockhütte stapfte, freute ich mich über das weiße Wölkchen, das der Schornstein abgab – Philipp hatte angeheizt.

Er saß im Sessel, sah müde aus. Die Beine hatte er auf der Kaminmauer ausgestreckt. Er hob das Glas, in dem der blutrote »Tiroler« funkelte und prostete mir zu.

»Zehn Jahre habe ich die Kirchen nur von außen angesehen, ab heute wird sich das ändern«, sagte er, aber er nahm sich selber nicht ernst dabei. Ich kannte ihn lange genug.

»Meine Gams, so sagt Hagen, werde ich nur mit dem Segen vom Klösterl kriegen, denn das Rudel, bei dem der Bock steht, geht im Fels hinter ihm und keiner jener, die Hagen auf ihn ansetzte, hatte Mut genug, ihn dort hinten zu strecken. Das sei ein heiliger Ort, sagten sie dem Hagen ... worüber lachst du?"

»Ich kenne die Geschichte von der Klostergams, der Peter hat sie mir erzählt. Ich war mit ihm im Klösterl, er hat dort gebetet.«

»Du auch, hast du auch gebetet?«

»Heute noch nicht, aber morgen werde ich für dich beten! Ist eine wundersame Stille dort, ich werde wieder einkehren. Seltsam ist's schon, was da auf mich übersprang!« Vermutlich lagen wir beide lange, lange wach in dieser Hüttennacht.

»Es regnet«, hörte ich im morgendlichen Dämmerschlaf Philipp sagen. Ich setzte mich auf und lauschte. Das Trommeln auf dem Dach machte schläfrig, obwohl sich die Nacht gerade erst verabschiedet hatte.

»Gamswetter im heiligen Bannkreis«, scherzte ich, aber es war der misslungene Versuch, das traurig Unabwendbare etwas erträglicher zu machen.

»Aber warum gibt Hagen dir die schwierige Gams frei?«, fragte ich.

»Das hat eine Vorgeschichte«, erwiderte Philipp. »Ich habe mein Praktikum als Forstanwärter bei Hagen absolviert, der leitete damals ein Forstamt im Berchtesgadener Land. Nicht alle mochten seine Strenge. Ich bewunderte ihn. Keine Gamspirsch damals, bei der ich ihn nicht begleitete. Bald wurde eine Freundschaft daraus und mit jeder Pirsch wurde ich sicherer im Fels. War vonnöten, denn Nachsuche und Bergung des Wildes im Berg sind eine gewaltige Herausforderung, sind Schwerstarbeit, die oft an die Grenzen des Machbaren geht. Da kommt es schon einmal vor, dass eine Gams an die Adler oder den Fuchs geht.« Er schwelgte in Erinnerungen, mir fiel es nicht schwer, ihn zu begleiten.

»Deshalb holt er dich heute noch, wenn es schwierig wird?«

»Es scheint so!«

»Die Klostergams?«

»Ist eine Herausforderung! Kritisch ist das Klösterl. Die Leute hier sind extrem gottesfürchtig, das bringt das Leben im Berg mit sich. Der Peter Ohlig ist ein Beispiel dafür, ein feiner Kerl, aber niemals würde der Peter im ›Bann‹ einen Schuss wagen, er würde das Entweihung des heiligen Ortes nennen.«

»Der Bock scheint es zu wissen!«

»Es gibt Dinge zwischen Himmel und Erde, die können wir mit unserem Verstand nicht erklären! Gewiss ist, dass der Bock genau die Zonen in seinem Revier kennt, die ihm optimale Sicherheit geben. So ist's nicht verwunderlich, dass er seinen Einstand hinter dem Klösterl in der Latschenwildnis hat."

Wir steckten noch in den Schlafsäcken, als Peter Ohlig anklopfte.

»Frisch vom Bäcker«, rief er und legte eine große Tüte auf den Tisch, der ein aufregender Duft frischer Backwaren entströmte.

Nun hielt uns nichts mehr auf den Liegen! Der Peter war ein flinker Mann. Mit wenigen Handgriffen hatte er den Kamin gesäubert und ein neues Feuer gelegt, das bald eine wohlige Wärme abgab.

»Es klart auf, die Leger vom Marbichler Hans drüben liegen schon blank«, ermunterte uns Peter. Tatsächlich hatte das Trommeln auf dem Dach nachgelassen, was aber war ein »Leger«?

»Sind Almhütten«, lachte der Peter.

»Wenn die Wolken tief im Tal hängen, dann hält's die Gamserl nicht mehr in den Latschen, die äsen dann im Hang«, gab der Peter seine Erfahrung an Philipp weiter, lächelnd dabei, was etwas von verstecktem Humor in sich hatte.

Das knusprige Gebäck und der starke Kaffee schafften eine gute Basis für die Gamspirsch, und als wir vor die Hütte traten, grüßte die Sonne zaghaft durch das hohe Kammholz. Der Bergwald hatte seinen ganz eigenen, würzigen Duft, es roch nach Arvenharz und nach wilden Kräutern, eine betörende Mischung, die der aus dem Tal heraufkriechende Nebel vor sich herschob. Sie machte das Atmen schwer, aber gierig pumpte ich die Lunge voll, als müsse ich einen Vorrat schaffen für schlechtere Zeiten.

Die Wolken hatten sich ausgeregnet, die Wälder dampften in der emporkletternden Sonne, von den Blättern der Bäume tropften goldglänzende Kügelchen.

In wundersamer Ruhe putzte Philipp Hagens Mannlicher Gebirgsstutzen. Er war in guter Stimmung.

»Ich steige in das Tal ein und nehme den Pfad hinauf hinter dem Kirchlein«, sagte er.

»Nehmt ihr beide den Kamm und verweilt am ›Grauen Stein‹, bis ich zu euch stoße, was denkt ihr?«

Peter Ohlig stimmte zu, ich kannte weder den Kamm noch den »Grauen Stein« und fügte mich.

»Wird schwieriger als gestern«, mahnte Peter. »Lass das Malzeug hier, dort kannst du nichts für deinen Block finden!«

Ich war plötzlich unsicher, vielleicht auch eher feige. Sollte ich hierbleiben und später ins »Klösterl« hinübergehen und die totale Stille genießen, vielleicht wieder einmal zum andächtigen Verweilen mit Händefalten und Augenschließen? Nötig hatte ich's schon!

Aber ich entschloss mich, mit Peter Ohlig einzusteigen, sobald Philipp eine Stunde unterwegs war –Peter gab die Zeit vor. Vom Fels aus könnten wir die Grashänge überschauen, meinte er, und wenn das Wetter offen bliebe, das stärkere Gamsrudel beobachten.

Als wir aufbrachen, kreisten drei Steinadler über dem Tal, zwei Altvögel und ein Jungadler.

Während wir langsam und bedächtig den Holzhauerpfad durch den Fichtenwald nahmen, die flechtenbehangenen Bäume hatten sich hier im Stein festgekrallt, dachte ich an Philipp und seinen Alleingang und versuchte mir vorzustellen, wo wir uns dort oben oder dort drüben in der wilden Steinwüste am Nachmittag treffen wollten; ich ergab mich schließlich Peters Ortskenntnis und seinem Gespür für die richtige Zeit.

Schweigend traten wir in den Stein, in das Moos, das in Goldgelb und Dunkelgrün glänzte, in feines Steingeröll, das sofort in kleinen Lawinen abging, sobald die Stiefel zu hastig hineinstachen. Schweigend tasteten wir uns im Steilhang von Baum zu Baum, weil die Stöcke keinen Halt mehr fanden. Kreuzschnäbel berieselten uns mit Zapfenschuppen und wieder waren Tannenhäher um uns herum, begleiteten uns lautlos, drei, vier, vielleicht auch mehrere? Eine Ringdrossel scheuchten wir auf, Haubenmeisen zogen piepsend durch die herabhängenden Zweige.

Die Zeit rann dahin. Wo steckte Philipp?

Tief drunten in den dunklen Schluchten war nur noch ein kümmerliches, weißes Wölkchen zurückgeblieben, die Waldberge und Almen lagen jetzt in der blanken Sonne und darüber hinweg wehte ein sanfter Ostwind.

»Das ist gut für Philipp«, meinte Peter. »Bei Westwind müsste er aufgeben!«

Nach zwei Stunden Kraxelei verkrochen wir uns hinter einer steil aufragenden Felsnase und erholten uns vom Aufstieg. Die Rucksäcke schoben wir auf die von Flechten bedeckte Kante und benutzten sie als Auflage für die Gläser. Es war ein fantastischer Ausguck! Wir hatten den weiten, geschlossenen Wald unter uns, vor uns gerölldurchsetzte Grashänge mit wenigen krüppeligen Arven und über uns einen mattblauen, seidenen Himmel, in dem immer noch die Adler kreisten.

Wir hörten die Alpendohlen schnalzen und tief unter uns einen lockenden Dreizehenspecht. Die Sonne wärmte. Eine halbe Stunde weiter hatte sie das »Klösterl« und die kleine Kirche im Tal erreicht.

Dann waren die Gämsen im Hang, ich zählte 18, alt und jung, hangaufwärts äsend. Ein Bock stand nicht bei ihnen.

»So ist's recht«, flüsterte Peter. »Der Bock steigt hinter dem Windbruch ein und dort sitzt der Philipp.«

»Der sitzt in eurem ›heiligen Bann‹. Ist's nur das, oder gibt's noch andere Gründe dafür, dass der Philipp ihn erlegen muss?«

Damit hatte der Peter nicht gerechnet, das war zu direkt.

»Na ja«, sagte er verlegen, »vielleicht waren die Jäger zu alt für diesen harten Fels?«

Ich glaubte ihm nicht. Heimische Bergjäger sind niemals zu alt, dachte ich, sie beherrschen den Berg von Kindesbeinen an! Was auch immer Hagen bewogen hatte, Philipp den schwierigen Bock freizugeben, mich sollte das nicht mehr kümmern und Philipp war leidenschaftlich bei der Sache!

Bis zu den Hüften durchnässt, gelangte Philipp gegen Mittag zum Windschlag, wo die dürren Baumriesen kreuz und quer übereinanderlagen, überwuchert von Weidenröschen und rotem Holunder. Hier hatte die Sonne ganze Arbeit geleistet, die Sträucher getrocknet und aus der Erde das Wasser gesaugt. Hinter einem Wurzelstock streckte Philipp sich aus, legte Rucksack und Büchse ab. Trocken wollte er hinaufsteigen zum großen Steinkegel, der aus dem unübersichtlichen Krummholz hervorragt, aber eine ideale Einsicht in den dahinterliegenden Grashang gewährte, auf dem Hagen von Erp den Bock sicher ausgemacht hatte. Auch tags zuvor hatten sie ihn dort mit den Gläsern »eingefangen« und danach die Route festgelegt.

Philipp kam nicht mehr dazu, sein Brot zu kauen. Eine Gams fiel ihm auf, die sich vom Rudel abgesetzt hatte und nun unterhalb des Geröllhanges talwärts zog, stets nach wenigen Schritten lange verhoffend. Er legte das Glas an eine Wurzel und visierte das Tier mit ruhiger Hand an.

Die »Klostergams«, sein Bock, da gab es keinen Zweifel! Typisch sein Verhalten, das Hagen zuvor treffend so beschrieben hatte.

»Nicht beizukommen«, hatte Hagen gemahnt, Philipp mit einem Lächeln geantwortet. Nun aber hatte auch er Zweifel. Der Bock ging im steil abfallenden Gelände bei einer geschätzten Entfernung von 500 Metern. Ein wahrhaft stolzes Wild! Außergewöhnlich hohe und starke Krucken und als sicheres Zeichen seines hohen Alters das »Mehlgesicht«, dem die schwarzen Zügel vom Windfang über die Lichter hinweg fehlten. Als typisch für die »Klostergams« hatte Hagen den auffallend hohen Buckel am Widerrist ausgemacht, den begehrten Bart.

Philipp kämpfte gegen die aufkommende Unsicherheit an.

Im direkten Aufstieg war dem Bock nicht beizukommen. Der Pfad durchs Holz am Sockel des Berges entlang war zeitlich zu riskant; im September zog die Dämmerung bereits in der Mitte des Nachmittags in die Schluchten ein. Er könnte es am nächsten Tag von Osten her versuchen, Zeit hatte er? Er würde zum Kamm hinübersteigen, wo sie den Treff vereinbart hatten.

Wir trafen uns am »Grauen Stein« und erfreuten uns noch eine volle Stunde am friedlich äsenden Rudel und übten uns mit Peters Hilfe im Ansprechen der einzelnen Tiere. Neun Geißen, drei Schmalgeißen, vier Kitze und zwei Jahrlinge; Peter verblüffte mit einer bewundernswerten Sicherheit. Das Rudel folgte einer alten Leitgeiß, die ständig verhoffend nach oben weiterzog. Die Kitze hielten sich bei den Schmalgeißen auf; es war eine geordnete Gesellschaft, in der jedes Tier seinen ganz bestimmten Platz einzunehmen schien.

Abstieg am Nachmittag, die Sonne warf schon lange Schatten über die »Leger«.

Philipp sagte, dass er es morgens im Alleingang nach einmal versuchen wolle, wir sollten unseren Platz am »Grauen Stein« wieder einnehmen, Peter aber Hagens »Boss« mitbringen. Die Brandlbracke war ein ausgezeichneter Nachsucher.

Ich wachte auf, als die Sonne schon hoch am silbrig blauen Himmel stand, Philipp hatte sich lautlos davongeschlichen. Peter Ohlig kam gegen zehn mit »Boss«, einem prächtigen Tier, stark im Knochenbau, glatt, eine saubere Erscheinung. Wir hatten gerade die Tür abgeschlossen, als oberhalb des »Klösterl« ein Schuss die Stille des Morgens zerriss.

»Das ist im Einstand über dem Windschlag«, sagte Peter. Wir erklommen die kleine Anhöhe hinter der Blockhütte, die einen freien Blick auf die Waldhügel und die »Leger« bot.

Der Morgen war hell, sodass wir jede Kuppe und den Windbruch am fernen Hang mit den Gläsern sicher abtasten konnten. – Nichts! Wie verabredet, stiegen wir in den Steilhang ein, um droben am »Grauen Stein« auf Philipp zu warten.

Die Gräser und Sträucher ertranken im Tau und glitzerten und blinkten im Sonnenlicht, es war ein herrlicher Septembertag. »Schöner kann ein Jagdtag in den Bergen nicht sein«, sagte Peter.

Unter dem »Grauen Stein« wurde »Boss« plötzlich unruhig, er straffte das Leder und drängte mit erhobener Nase bergauf. Wir erkannten Philipp auf dem Felsbrocken, zerzaust und die Hände von Dornen zerkratzt.

Dem Bock war er bei gutem Wind oberhalb des Krummholzes gefolgt. Der war alleine ausgetreten und zunächst im Schutze des Holzes zu den Fichten hinüber-, dann aber wider Erwarten in einem spitzen Winkel zurückgezogen und mit gewagten Sprüngen über einen Felsriss 50 Fuß von Philipp entfernt gesetzt. Der zog durch, erwischte den Bock aber auf dem schmalen Grat, sodass der in die schwarze Schlucht stürzte, deren Schlund sich weit in der Tiefe hinter dem »Klösterl« verlor.

»Da drinnen ist's so dunkel, als hause der Teufel persönlich dort!«

»Der Teufel gleich hinter dem Kirchlein, Philipp, lass das Pater Magnus nicht hören, verzeihen würde er dir das nicht«, sagte ich, und der Peter schaute Philipp entgeistert an.

Wenn der Bock in die Schlucht abgegangen ist, dann ist er noch im »heiligen Bann«, dachte ich, unsicher, ob ich das mit dem »heiligen Bann« ernst nahm oder nur einer fantastischen Geschichte erlegen war? Betrachtete ich Peter Ohligs Gesicht, so wurde mir rasch bewusst, dass an dem Mysterium etwas dran war.

Philipp hatte dem Bock eine halbe Stunde Zeit gegeben und der Peter prophezeite eine schwierige Suche. Klugerweise hatte Philipp den Anschuss mit einem Steinmännchen markiert, sodass »Boss« zügig die Schweißfährte aufnehmen konnte; dunkelroter Schweiß und ein Büschel Schnitthaar, Peter verzog das Gesicht.

Der Waidwundschuss ist so ziemlich das Schlimmste, das dem Jäger passieren kann, und im Gebirge kann er sich zur Katastrophe ausweiten, wenn die Nachsuche wegen der Dunkelheit oder rasch umschlagender Wetter abgebrochen wird!

Philipp reichte mir Jacke, Rucksack, Glas und Hut und stieg mit »Boss« immer tiefer in den dunklen Schlund. Ich folgte Peter, um etwa 200 Meter tiefer mit ihm in die Schlucht einzusteigen, dort, wo sich das lockere Geröll in das Fichtenaltholz schiebt.

Nach einer mühsamen Stunde vermeldete »Boss« den Bock und Philipp verlangte ein Zeichen von uns. Bald darauf tauchte er aus der Wildnis auf und trug den Bock in das letzte, nur noch spärliche Licht der scheidenden Sonne, die seine „rote Arbeit" noch erlaubte, uns dann aber zwang, den Weg ins Tal durch das dämmerige Holz zu ertasten, was uns dank Peters ausgezeichneter Ortskenntnis problemlos gelang.

Im letzten Tageslicht einer Schneise bewunderten wir den kapitalen Bock, wahrhaftig ein Stolzer; auch Peter kannte keinen Stärkeren. Er war ein »Pechbock«. Latschenharz bedeckte die hohen und auffallend nach unten gebogenen Krucken. Das »Latschenpech« hatte die Jahresringe so verklebt, dass im Moment ein Zählen nicht möglich war, aber drüben an der Hütte würde der Peter es versuchen.

Ich wollte den Bock ein Stück des Weges tragen, Philipp aber ließ das nicht zu, wollte die harte Arbeit zu Ende führen.

»Der soll nun auch meine letzte Kraft rauben«, sagte er stolz.

Der kürzeste Weg zur Hütte berührte hinter dem Fichtenaltholz das »Klösterl«, es blieb nur dieser Abstieg. Der Berg hatte uns allen viel abverlangt, aber Philipp trug mit heiterer Miene seinen Bock, kraftvoll im Schritt und ohne Müdigkeitserscheinung. Wir stiefelten an der Mauer des »Klösterl« entlang, als plötzlich Pater Magnus vor uns stand. Der Gottesmann lächelte, strahlte Güte aus. »Mönche sind geheimnisvolle Menschen, sie leben im Vorgarten des Paradieses«, hatte Hagen einmal gesagt.

Pater Magnus berührte die Gams, fuhr mit beiden Händen über seine Decke. »Er bereitete euch jahrelang schlaflose Nächte«, sagte er zu Philipp, der hilflos dreinschaute. Glücklicherweise kam Peter Ohlig hinzu.

»Grüß Gott, Pater Magnus, 's ist Hagens Klostergams«, sagte er. Der Pater lächelte gequält. Ich erwartete, dass der Peter um den Segen bitten würde, denn während der jährlichen Hubertusfeier in der Kirche wurde das auf Eichenlaub gebettete Wild vom Priester gesegnet. Aber der Pater dachte nicht daran! Er lief schweigend davon.

Im Fackelschein vor der Hütte erschien Hagen von Erp mit einem Latschenzweig, den er zerbrach. Das kleinere Stück reichte er Philipp, das größere steckte er dem Bock in den Äser.

»Waidmannsheil, Philipp! Ich war mir ganz sicher, dass du ihn holst«, sagte er freudestrahlend. Philipp fuhr mit der Hand durch seinen Haarschopf.

»Warum ich, Hagen?«, fragte er.

»Weil ich ihn dir schuldete! Denke an den kapitalen Sechserbock vom Döbelwald, der war dir damals versprochen als Abschiedsgeschenk, aber vier Tage vor deinem Dienstschluss war der ganz plötzlich verschwunden.«

»War Waidmannspech, vielleicht fiel er beim Nachbarn«, erwiderte Philipp gelassen.

»Nein, nein, Philipp, den hab' ich dir vor der Nase weggeschossen, das verfolgte mich bis heute. Passion kann teuflisch sein, würde mir heute nicht mehr passieren!«

»Tröste dich Hagen, dein Sechserbock wäre zu leicht für mich gewesen. Der hier hat mich gefordert, das war Jagd in meinem Sinne!«

Die Bärentöterin

Als der Lika den grob zusammengefügten Holzschlitten, den sie »Pulka« nannten, belud, begann es sachte zu schneien; es war Staub aus Eis und so fein, dass Merle dachte, sie atme den dicken Nebel ein, der im Nordland nach Schwefel und nach Salz schmeckt, aber es war Schnee, und die Stäubchen glitzerten und strahlten im Lichte der Laterne, dass ihr Aufbruch zur Bärenjagd etwas theatralisch Feierliches hatte.

Die Freunde daheim hatten ihr abgeraten, alleine mit fremden Jägern am Bärenkesseln in der finnischen Wildnis teilzunehmen, der Vater aber, ein liebevoller, doch energischer Mann, hatte ihr empfohlen, die Herausforderung anzunehmen. Seit nunmehr zwei Jahrzehnten verband ihn eine außergewöhnliche Freundschaft mit Hajo Amonson, dem Distriktleiter der Försterei am »Lemmenjoki«, wohin er immer wieder einmal zur Jagd gefahren war und wo er seine stärksten Elche erlegt hatte.

»Die sich dort zur Jagd treffen und die unberechenbaren Wetter auf sich nehmen, sind raubeinige Kerle aus grobem Holz, aber Hajo wird darauf achten, dass sie die Jägerin in dir respektieren«, hatte der Vater gesagt, als sie zu zweifeln begann. Sie würde ja gerne hinfahren, hatte sie erwidert, aber ohne die neue Waffe, die noch nicht eingeschossen war.

»Die Leute dort zu beobachten und ihre Art des Jagens kennenzulernen, ist die Reise wert, doch selber jagen, nein!«

Der Vater ließ das nicht gelten! »Nicht ohne Waffe, dann bleib' zu Hause«, widersprach er.

Zu keiner Zeit war Merle feige gewesen in ihrem jungen Leben, sie nahm also an und war überzeugt davon, den Vater bei der Jagd würdig zu vertreten.

Lika, der früher zweimal jährlich 3000 Rene über die Tundra führte, bis das Rheuma sein Nomaden-Dasein jäh beendete, war Merles Lichtblick an diesem Schneemorgen am Blockhaus, denn Lika konnte schweigen, ohne dabei beleidigend zu sein, und dass er mit ihr so umging wie mit seinesgleichen und den fremden Jägern, kurz und knapp und ohne diese abscheuliche Ergebenheit, weil sie eine Frau war, gefiel ihr.

Am Abend zuvor war alles besprochen, was der Jagdtag am »Rivolojoki« ihnen abverlangen würde; eine stundenlange Anfahrt durch die hügelige Kiefer- und Birkentaiga gehörte dazu und das nicht ungefährliche Kesseln des Bären.

Lika lächelte, wie er immer lächelte, wenn er schwieg, der Vater hatte ihn treffend beschrieben. Der Renbulle, den er einspannte, gebärdete sich bockig und Merle dachte, dass »Laibolmei«, der samische Jagdgott, dem Lika an diesem glitzernden und blinkenden Wintertag wohl nicht gnädig gestimmt sei.

Doch wider Erwarten zog der graue Geweihte brav an und behielt den gleichmäßigen Gang auch im Gewirr wild durcheinanderliegender Äste und großer und kleiner Steinbrocken bei. Dann aber, nach zweistündiger Taigafahrt, sackte er in einem Tümpel ab und der »Pulka« samt Lika und Merle rutschte hinterdrein, dass das brackige Wasser aufspritzte und sich über sie ergoss; und das in einem dichten Schneegestöber, was sich gerade anschickte, zum tosenden Nordoststurm zu werden.

Geistesgegenwärtig hatte Lika die Leder am »Pulka« gelöst und das verschreckte Tier mit dem Riemen an eine Kiefer gebunden, nachdem es aus dem Tümpel gesprungen war.

»Das war's denn wohl«, sagte Merle ängstlich, erschrak aber über die Ruhe, die der Lika ausstrahlte. Mit erstaunlicher Lässigkeit begann er, Stück für Stück der Ladung aus dem zur Hälfte im Schlamm und Wasser steckenden Schlitten zu bergen und murmelte dabei vor sich hin.

Merle fragte, ob sie sich im Lager melden solle, das Funkgerät war doch trocken geblieben? Lika nickte. Im hässlichen Knacken und Summen meldete sich eine verrauchte Stimme.

»Was ist?«

»Wir stecken im Sumpf und kommen nicht weiter«, rief Merle, und der Lika sang einen »Jok«, der ihm vermutlich schon viele Male im Leben vor der Trübsal gerettet hatte.

»Verdammt«, hörte Merle die raue Stimme. »Wo steckt ihr?«

»Wo genau sind wir, Lika?«

»Am Rämikon«, rief Lika, »wenig südlich, aber wir warten nicht!«

Mit sicheren Bewegungen und ohne Hast begann er, das durchnässte Gepäck auf den Rücken des Rens zu schnüren, und dieses verharrte ruhig, als sei es solche Lasten gewöhnt.

Sie hörten einen Fuchs schreien, nahe bei ihnen und weit entfernt noch einen, und ein starkes Wild brach durch das Holz, dass dumpf der Boden dröhnte, und Lika sagte »Elche«, als er sah, wie Merle zur Büchse griff. Er denkt, dass ich ein Feigling bin, alle Männer denken, dass Frauen Feiglinge sind, durchfuhr es sie und sie ärgerte sich ihrer übereilten Reflexe, über den Griff zur Waffe.

Lika gab mit einer Kopfbewegung zu verstehen, dass sie ihre Tour fortsetzen wollten. Merle, deren Beinkleider durchweicht und zusammengefroren waren, die Schuhe nass und die Füße eisig, ahnte, weshalb sie den Lika den besten und härtesten Fährtengeher in Finnlands Norden nannten.

Zielsicher strebte er in der unheimlichen Wildnis dem alten Erzbahndepot zu, das die Jäger des Distriktes zur stattlichen Jagdhütte ausgebaut hatten, mit allem denkbaren Komfort, Kamin aus Granit und einer Sauna, der Finnen Heiligtum.

Sie erreichten das rettende Blockhaus nach vierstündigem Gewaltmarsch, den Merle niemals in ihrem Leben vergessen würde, müde, zerschlagen, entmutigt und zu aller Schmach noch empfangen vom Gegröle ausgelassener Jägertypen, die Merle das Fürchten lehrten, wenn sie nur halbwach daran dachte, dass diese Meute in wenigen Stunden zur Bärenjagd aufbrechen würde. Heiliger Hubertus, deine Jünger sind sie nicht, dachte Merle entsetzt!

Jetzt wurde ihr bewusst, warum der Lika den Renbullen so schnell beladen hatte und sofort weitergezogen war: Auf die helfenden »Freunde« hätte er vergeblich gewartet. Die hockten halb bekleidet, die Haare nass von der Sauna, vor dem knisternden Kaminfeuer und eröffneten sogleich ein lautstarkes Gezeter über den offensichtlich amüsanten Zustand der Ankömmlinge.

Während Lika das Ren versorgte, was ihm wichtiger erschien, als sofort die nasse Kleidung vom Leibe zu kriegen, trank Merle den Whisky, den ihr der kleine Same reichte, der vermutlich für das Wohl der Jagdgäste zu sorgen hatte. Dann verschwand sie unter der heißen Dusche, nachdem sie sich vergewissert hatte, dass keines der Raubeine im Raume war. Sie hörte die Männer erregt durcheinanderreden, sich gegenseitig übertrumpfend und ausspielend, und als sie wieder hinzukam, lästerten sie über ihre neue Büchse, die sie für ein »Spielzeug« hielten, »mit dem man zwar Eulen verscheuchen, aber niemals einem Bären das Leben auspusten kann!«

»Aus welchem Kindergarten hast du das Ding entwendet«, wollte der Fette, der noch immer schwitzte, wissen, und ein anderer, der sie provozierend und argwöhnisch betrachtete, machte ihr den Vorschlag, am Morgen in der Küche zu helfen, anstatt sie alle mit dem »Ding da« in Lebensgefahr zu bringen. Das war deutlich – er wollte keine Frau am Bärenkessel haben!

»Wenn wir uns am Kessel auf dich und deine ›Spatzenschleuder‹ verlassen, sind wir dem Teufel ausgeliefert«, alberte er weiter unter dem Gelächter der anderen und war stolz auf seine Sprüche.

Merle verkroch sich bald angewidert in ihre Koje und schlief sogleich ein. Der Marsch hatte ihre Kräfte aufgezehrt.

Als die Kerle am Morgen zum großen Holztisch schlurften, jeder mit dem duftenden Kaffeepott in der Hand, saß ihnen der Schlaf noch in den Gesichtern. Sie schwiegen, denn die Hochprozentigen des abendlichen Gelages waren noch quicklebendig in ihnen und ließen sich auch vom bitterstarken Kaffee, dem »Kaka«, nicht verscheuchen. Lika und Merle hatten keine Probleme. Sie hatten fest und erholsam geschlafen und nicht einmal das Heulen eines Wolfsrudels wahrgenommen, von dem der kleine Same berichtete.

Hajo Amonson, ein hochgewachsener, schwarzhaariger Mann mit einem bubenhaften Gesicht und sanfter, ruhiger Stimme, traf gegen neun Uhr ein. Zur Enttäuschung der Großmäuler interessierte er sich sachkundig für Merles neue Waffe.

»Die hat viel Lob in der Jagdpresse erhalten«, sagte er mit ehrlichem Interesse. Und: »›Waidmannsheil‹ sagt man bei Ihnen wohl!«

Merle dankte und nahm die Büchse wieder an sich, während die anderen sie mit trüben Blicken, wankend zwischen Verachtung und Gleichgültigkeit, ansahen.

Er war ein klirrender Tag mit einer matten Sonne, die sich anschickte, den feinen Lilaschleier mit einem seltsam rotgoldenen Licht zu bedecken; sie würde den Tag wieder nur ein paar Stunden beleuchten, dachte Merle in Erinnerung ihrer Lapplandreise vor ein paar Jahren.

Lika übernahm den ersten »Pulka« mit seinem Ren, das sich in der Nacht gut erholt hatte von den Strapazen, die anderen folgten in mäßigem Abstand.

Im Hinterland der Kieferntaiga hatte man in den vergangenen Tagen zwei starke Bären gefährtet und die Förster waren sicher, dass diese den Distrikt am Fjäll nicht wieder verlassen hatten. Es gab dort mehrere Winterhöhlen, die mit großer Regelmäßigkeit von den Pelzigen aufgesucht wurden.

Lika hatte ihr in der Frühe zu verstehen gegeben, dass er vom Einkesseln des Bären in der Winterhöhle nichts hielt, das sei zu gefährlich für »Leute wie diese!« Das war deutlich und Merle froh, in Lika einen stillen Verbündeten zu haben. Sie hielt sich zurück und wartete ab, wie und wohin der Jagdleiter sie und Lika, der zur Sicherheit eine alte »Flanchi« bekam, aufstellen würde.

Was Hajo Amonson bewog, sie beide in der engen Schlucht unterhalb der Bärenhöhle zu postieren, blieb allein sein Geheimnis, aber Merle war sicher, dass er sie schonen wollte, denn an dieser Stelle würde kein Bär springen. Rechts über ihnen lagen die Granitbrocken großen, flachen Tafeln gleich in drei und vier Schichten übereinander, links wucherte eine undurchdringliche Strauchwildnis so dick wie eine Mauer.

Weit unter ihnen am Auslauf der Schlucht lagerten die Rene und die »Pulkas«. Das beunruhigte Lika.

»Das ist Wolfsrevier, hier sollten die Tiere nicht ohne Aufsicht stehen«, hatte er zornig gemurrt, aber die Förster hatten darauf bestanden, dass er als Fährtengeher mit heraufkam.

Sie konnten nicht wahrnehmen, was oben zwischen den Steinen geschah, hörten aber das wilde, hässliche Gekreische der Jäger, wenn sie mit langen Stangen in die Höhlen stachen, »Heija, heija, heija!«

»Widerlich ist das und keine Jagd«, sagte Lika. »Ja, wenn Ihr Vater hier war, dann war das Jagd! Amonson, Ihr Vater und ich, wir verstanden uns ohne viele Worte. Oft waren wir drei oder vier Tage unterwegs, bis wir endlich auf einen Bären oder auf einen Elch stießen – das war Jagd!«

Ein Abenteuer ist das, Waidwerk aber nicht, dachte Merle, als aus dem Dunkel der Senke unterhalb der Strauchwildnis ein großer Bär sprang und den seitlich am Hügel stehenden, ahnungslosen Schützen brüllend annahm. Merle fuhr jäh herum und schoss aus dem Stand heraus. Im Schuss wendete der Bär und stürzte sich mit zwei gewaltigen Sätzen auf sie, prallte aber im zweiten Schuss gegen eine dürre Kiefer, die abbrach und mit dem braunen Koloss in die Schlucht rollte.

Droben auf den Granitplatten erschienen die Jäger und die Förster mit den langen Stangen, einer nach dem anderen. Wortlos und mit versteinerten Gesichtern, noch nicht begreifend, was geschehen war, stiegen sie herab und liefen um Merle herum und sahen auf ihren »Mannlicher Schönauer«, den sie noch immer im Anschlag hielt, unfähig, klar zu denken.

Die Spannung löste sich im Horrido-Geschrei der Männer, die nun in die Schlucht einstiegen, um den Bären zu bergen.

»Alle Achtung«, sagte Hajo Amonson bewundernd. »Alle Achtung, das war knapp. Ohne Ihren Mut hätte der Ruko das nicht überlebt.« Er zeigte auf den Fetten, der unbeweglich neben einem Baum saß und Merle anstarrte. Lika lief hinüber und stellte sich über ihn, grinste in das aufgedunsene Gesicht.

»Gut, das ›Ding aus dem Kindergarten‹, was?«, lästerte er den Dicken an, der ihm vermutlich lange schon im Magen lag. Der aber

schwieg noch immer und dachte vorläufig nicht daran, seinen nassen Platz aufzugeben.

Als nach einer vollen Stunde der Bär aus der Decke geschlagen war, versammelten sie sich um ein krachendes und sprühendes Feuer, über dem Lika eine fette Fleischbrühe bereitet hatte. Nur der Fette blieb dem Feuer fern.

»Ist nicht meine Jagd«, sagte Merle, als Lika sich neben sie setzte. »Warum dieser große Bär, so ein stolzes Wild?«

»Zwölf Zuchtschafe und 19 Rene fielen seit August an die vom Russischen eingewechselten Bären, den Förstern blieb keine andere Wahl«, erwiderte Lika.

»Aber diese Art der Jagd, sie war eine Hinrichtung, fernab jeder Ethik«, murrte Merle.

Lika blieb ungerührt und sagte, dass sie die Bären immer so gejagt hätten, oft drei oder vier oder noch mehrere in einem einzigen Kessel.

Da erhob sich der Schlaksige, der sie im Blockhaus so verächtlich angeschaut hatte, und er klopfte ihr kumpelhaft auf die Schulter.

»Nichts für ungut, Bärentöterin, ganz schön gefährlich, deine ›Spatzenschleuder‹«, sagte er lachend, aber doch ein wenig verlegen.

Merle blieb nachdenklich. Das Gefühl, dass ihre Waffe, nicht aber ihr Mut den Mann vor den Branten des Bären gerettet hatte, ließ eine innige Freude über die guten Schüsse nicht aufkommen.

Sie war um eine Erfahrung reicher, nicht in jagdlicher, aber in menschlicher Hinsicht!

Geisterböcke

Der kalten Dauerregen hatte den Wonnemonat Mai ertränkt und mit ihm viele Vogelbruten. Holm Sandler war tagelang über seine Felder im Haselgrund gelaufen und von Stunde zu Stunde trauriger geworden, denn die Kiebitze hatten ihre vollen Gelege verlassen und das Rebhuhnnest unter einer Wildrose auf dem Brachstreifen war von Krähen geplündert worden, die verstreut liegenden Eierschalen wiesen die typischen Hackmarken auf.

Holm sammelte die Reste auf, steckte sie in die zerbeulte Tabakdose, die er für diese Zwecke immer bei sich trug, und pirschte in schlimmer Ahnung am Föhrenholz entlang, wo sich nach dem Moore hin eine dichte Hecke aus Schlehen, Krüppelerlen und Kartoffelrosen wild und wirr im schwarzen Torf festkrallte, undurchdringlich für ihn, aber von den schmalen Wechseln der Rehe durchzogen.

Die Raubwürger hatten kurz zuvor dort mit dem Nestbau begonnen und die Dorngrasmücken um den elften Mai herum vier Eier im Nest. Behutsam bog er die Zweige des Weißdorns zur Seite und erschreckte das Grasmückenweibchen, das sich tief in die Nestmulde drückte und ihn reglos ansah.

»Schon gut«, murmelte er und freute sich trotz der Nässe, die ihn umgab, über das tapfere Vögelchen, dessen Bruttrieb stärker war als die Furcht vor dem Regen und das ihm damit wieder etwas Mut machte, mit der Situation fertig zu werden: Es regnete zu viel, er fürchtete um die Frucht auf den Feldern. Die Raubwürger hatten ihren Brutplatz auch wieder aufgegeben und das halb fertige Nest als zerzausten Reisigknäuel zurückgelassen. Sie würden wieder draußen in einem Wacholder brüten und wie im Vorjahr ihre Brut aufziehen, tröstete er sich.

Er pirschte noch eine Stunde lang durch das lichte Föhrenholz, wo seine Sperber hausten, und las unter deren Horst zwei Mauserfedern des brütenden Weibchens auf. Am Moorgraben suchte er die Brachvögel vergebens, und als die Wolken abermals ihre Schleusen öffneten und der Regen hart und kalt auf ihn herniederprasselte, kramte er den zerschlissenen Umhang, der ihn schon als jungen Jäger begleitet hatte, aus dem Rucksack. Das Tuch war so groß, dass er darunter verschwand und nur das Gesicht ein wenig hervorlugte. Regengeschützt vermochte er so stundenlang in einem Heidegebüsch oder am Waldrand anzusitzen, um danach trocken heimwärtszulaufen.

Er drückte sich wieder unter die letzte Krüppelföhre am Ende des Holzes, die sein liebster Platz war, und ließ den Gedanken freien Lauf, bremste sie auch nicht, als sie wieder trübe und finster wurden.

Das verflossene Jagdjahr war eine herbe Enttäuschung für ihn gewesen. Monatelang hatten im Haselgrund die Sauen im Gebräch gestanden, sodass er die gesamte Buchweizensaat vom Bauern Lars Lüdinger hatte bezahlen müssen. Schlimmer aber war Lars Lüdingers Gesicht, das sich immer verfinsterte, wenn sie im Krug zusammentrafen. Der Lars verzieh ihm die Sauen nicht.

»Holm Sandler, du bist ein Stümper«, hatte Lüdinger am Stammtisch unter dem Gelächter der anderen posaunt. »Wenn du schießen könntest, dann gäbe es auf meinem Acker keine Sauen mehr!«

Dabei hatte Holm sich wochenlang abgemüht, sieben Überläufer und im Herbst zwei Bachen ins Jenseits befördert, aber sie trommelten weiterhin in unflätiger Weise so auf ihn ein, dass ihm der Verdacht kam, der Lars Lüdinger wolle ihm die Jagd im Heidegrund streitig machen. Ihre Reviere berührten sich oberhalb des schwarzen Moores auf einer Länge von einem Kilometer.

Drei gesunde Kitze waren unter Bauer Beutlers Mähmaschine geraten und eines hatte die Fähe vom »Bollerberg« geholt. Übriggeblieben waren ein dünner Spießer, ein Gabler und ein im Wildbret starker Sechserbock, der aber den linken Hinterlauf nachzog, bis ihn auf der Chaussee ein Auto erwischte. Der Fahrer hatte den Grind abgeschärft und das Wildbret im Graben abgelegt.

Drei Ricken und zwei Schmalrehe standen noch im Ginster am Moor und der Hasenbesatz war trotz des Frühlingsregens gut. Das waren die tröstlichen Gedanken im Regenschwall unter der Föhre.

Die Roggenfelder verschwammen vor ihm in den Regenperlen, aber er erkannte durch sie hindurch den eleganten Gaukelflug einer Rohrweihe, die in tiefem Suchflug über den Traktorspuren nach Beute jagte. Sie kam nahe an ihn heran, um sodann mit einer scharfen Wendung wieder über die Rillen im Felde zurückzufliegen.

Das Getreide war großflächig vom Regen niedergedrückt und Holm Sandler doch froh, dass es dieses Mal nicht die Sauen waren! Wird wieder ein schlechtes Jahr, resignierte er dennoch und stopfte den »Dänischen« in die Pfeife, wobei er die Nase genüsslich lange in die Tabakdose steckte.

Als das Streichholz entflammte, erschrak er über eine rasche Bewegung im Kornfeld: Etwas Dunkles bewegte sich langsam auf ihn zu, doch als er sich endlich das Wasser aus dem Gesicht gewischt hatte und das Glas an die Augen hielt, war der Spuk vorüber. Überreizte Nerven, dachte er. Das Streichholz hatte der Regen gelöscht, sodass er die Pfeife in die Hosentasche schob und behutsam auf die unteren Zweige stieg, um das Feld besser überblicken zu können.

Ein schwarzer Bock stand in der Traktorspur inmitten des Feldes und sicherte zu ihm herüber, ein Bild, das ihm Diana schenkte!

Holm Sandler durchfuhr ein freudiger Schreck. Er träumte nicht: Vor ihm verhoffte ein schwarzer Sechserbock mit einem grauen Gesicht, das um die Lichter herum silbrig hell herüberleuchtete und dem Bock strenge Züge verlieh. So etwas von Gehörn, hoch und massig, hatte er nicht einmal in Kranichstein und auf keiner anderen Trophäenschau gesehen! Eine Traumkrone mit Perlen, die sich in der Mitte der Stangen berührten, erkannte er. Er schätzte die Höhe der Stangen, sah, dass sie eine Handbreit über den Lauschern endeten, erkannte beim Abspringen des Bockes dessen auffallend dünnen Träger und den sehnigen Körper.

Im Platzregen erlebte er die glücklichsten Minuten dieses Jagdjahres und er schwor beim Heiligen Hubertus, die »Königskrone« des Schwarzen für seine Trophäenwand heimzuholen!

Spät am Abend kehrte er in sein Haus zurück, aber mit frohen Augen, wie ihn seine Josephine, die er zärtlich »Josi« nannte, lange nicht mehr erlebt hatte.

»Ich hab' von einem schwarzen Bock geträumt, einem Teufel, schwarz von den Stangen bis zum Spiegel«, erzählte er am Tisch und tat geheimnisvoll dabei. Er strahlte Freude aus und die Josephine küsste ihm die Stirn, war froh, dass die Trostlosigkeit ihn endlich wieder verlassen hatte und die dunklen Schatten um seine Augen verschwunden waren.

Vom Forstamtsleiter hatte er erfahren, dass ein spärlicher Bestand schwarzen Rehwildes im Süden der Heide stand und seine Hege Ehrensache der dortigen Jäger sei, über 50 Kilometer von seinem Walde entfernt. Er verschwieg seine Beobachtung vom Föhrenholz und hielt sich auch am Stammtisch zurück.

Misstrauisch wurde Holm Sandler, als der Lars Lüdinger beiläufig erwähnte, er wolle noch in diesem Jahr sein Rehwild auf ein vernünftiges Geschlechterverhältnis bringen und werde deshalb öfter als bisher im Revier sein. Das Misstrauen gehört zum Menschen wie der gesunde Verstand, dachte er dann und entschuldigte mit dieser Feststellung seinen eigenen Argwohn, der ihn fortan durchs Revier begleitete und sich gegen jedes menschliche Wesen richtete, das sich dort bewegte.

Den Pilzsammler fauchte er unbeherrscht an, er solle sich zum Teufel scheren, und die Beerenfrauen, die er an der Himbeerhecke antraf, erschreckte er mit der Mahnung, Kreuzottern seien am Platze, sodass sie flugs ihre Eimer packten und den Wald verließen und in diesem Sommer sicher nicht wiederkamen.

Als der junge Pastor Roman Hardinger an einem sonnenhellen Nachmittag am Kornfeld bei den krummen Föhren seine Jacke auszog und die Hemdärmel hochkrempelte, weil Sonne, Kornblumen und Klatschmohn zur Rast einluden, lief er hinzu und faselte etwas von der »Wildruhezone« und benahm sich dabei so kasperlich, dass der Pastor die Jacke wieder aufnahm, sich wohlerzogen entschuldigte und seinen Weg bedächtigen Schrittes fortsetzte. Er war ein gebildeter Mann, der in den Menschen nur das Gute sah und deshalb über die Ruppigkeit des Bauern schockiert war, dem diese aber verzieh. Drüben am Feldrain gebe es eine Bank mit einem herrlichen Fernblick, hatte der Holm ihm noch nachgerufen, aber der Gottesmann hob nur beschwichtigend die Hand.

Ob er abends pirschte, wenn die Sonne sich anschickte, das Tal zu verlassen, oder im Regen, der die Leute vom Walde fernhielt, in der hellen Nacht oder in der Mittagsglut eines Sommertages – sein schwarzer Bock blieb verschollen. Die zerfetzten Stämmchen der

Moorbirken aber und die blank gefegten Weidenruten am Feldsaum zeigten unmissverständlich, dass er noch da war. Kein Bock vor ihm hatte so kraftvoll geplätzt, dass die Grasplaggen und das Moos meterweit hinweggeschleudert wurden. Grasbüschel hingen im Gezweig kleiner Bäumchen, die Erde war tief zertreten, sogar kleine Steine lagen drumherum. Das häufige Schmälen der Rehe beunruhigte ihn, erinnerte ihn an die jagdlose Zeit nach dem Kriege, als herrenlose, verwilderte Hunde in der Heide umherirrten und das Wild ständig auf den Läufen war.

Als das Getreide die zartgoldene Reifefarbe angenommen hatte, die Ringeltauben erste lockere Flüge im Felde bildeten und die jungen Raubwürger auf den Wacholdern in der Heide nach Futter gierten, litt er an der Schlaflosigkeit und am Magendruck, und er kaufte in der Apotheke irgendwelche Pastillen, die ihm Linderung verschaffen sollten. Aber das war ein Fehler, denn in der Apotheke erfuhr er, dass der Lars Lüdinger an derselben Krankheit litt, weil der erfolglos einem schwarzen Rehbock nachstellte, der schlauer war als alle Böcke in der Heide zusammen, und dass der Lars Lüdinger dem Apotheker auch erzählt hatte, dass der „Geisterbock" ihm Angst einflöße, weil er immer dann aus dem Korn auftauchte, wenn er die Büchse im Auto verstaut hatte.

»Der hat den siebten Sinn«, hatte der Lüdinger Lars dem Apotheker mit verzweifelter Miene gestanden.

Der Schwarze war also ein klassischer Grenzbock.

Wenn Holm Sandler ihn nicht zu Gesicht bekam, dann trieb er die Ricken in Lüdingers Revier oder er zigeunerte durch das Staatliche, das nördlich an sein Revier stieß. Wenn die drüben den Schwarzen ausmachen, werden sie das Bejagungsverbot durchsetzen, dachte Holm Sandler voller Grimm, denn das schwarze Rehwild genoss besonderen Schutz, und er spürte tief in seiner Brust, dass er im Begriff war, Unrechtes zu tun.

Das zersetzende Gift des Jagdneides machte jeden klaren und anständigen Gedanken zunichte, sodass er in den nächsten Tagen und Nächten seinen Hof samt Gesinde sträflich vernachlässigte und nur noch im Heidegrund auf den Beinen war. Er vergaß die morgendliche Rasur und aß sein Brot und die Wurst vom Stück im Gehen aus der Jackentasche heraus, und als er mit durchnässten Socken wieder unter der Föhre ansaß und Halsweh und Schnupfen bekam, trank er den schottischen Whisky pur aus der Flasche und der Dunst des Hochprozentigen tanzte mit dem Wind übers Korn und er sah tagelang keine Rehe und keine Hasen und auch die Füchse vom »Bollerberg« schienen verschwunden.

Im Delirium sah er Lars Lüdinger auf allen vieren durch den Dreck robben und sich seinem Schwarzen schussgerecht nähern. Er wurde leichtsinnig. Im Nebel des zehnten Julitages, als die Mähdrescher ringsum ihr Summen eröffneten, lief er wie von Sinnen an Lüdingers Revier entlang zwischen Heidekraut und Roggen, rauchte seine Pfeife dabei und sprach laut vor sich hin ... Der Bock, wenn er jetzt noch im Felde stand, das am nächsten Tag wohl unter das Mähwerk geraten würde, sollte sich in seinen Wald absetzen!

In der alten Moorkuhle traf er Lars Lüdinger, der ebenso übermüdet aussah wie er, und sie hoben drohend ihre Büchsen und sie schrien sich an und vergaßen dabei, dass sie kultivierte Menschen waren. Keiner sprach vom schwarzen Bock, aber jeder wusste, dass der Bock im Begriff war, ihrem Jägersein Anstand und Sitte zu nehmen.

Die jungen Dorngrasmücken flatterten tollpatschig durchs Gezweig der Rosenbüsche, und die Kiebitze im Heidegrund, die ihre Brut über den Regen gerettet hatten, rannten lockend durch das Kraut, und mittags in der Sonne jubelten die Brachvögel am Moorgraben, dass es eine Wonne war, aber Holm Sandler hörte sie nicht. Mit blassem Gesicht und leeren Augen stolperte er am Föhrenholz entlang wie damals, als der kalte Regen das Land zu ertränken drohte.

Nachdem das Getreide gefallen war, wirbelte ein rauer Wind über die Stoppeln, sprang über die Stege und Gräben und scheuchte am Tage die Ringeltauben auf, die fette Nachlese hielten. Die Rehe standen nun im offenen Moor und bei ihnen stand der schwarze Bock.

Der Briefträger, der vormittags zu den einsamen Heidehöfen radelte, war ihm auf dem Sandweg begegnet, und dem Schäfer aus Rahnstedt sprang er in hohen Fluchten durch die Herde, dass die Hunde verdutzt dreinschauten und das Bellen vergaßen. Im Kruge sagten sie, dass der Schwarze ein Teufel sei, dichteten ihm rot funkelnde Lichter an und ein Gehörn so hoch und so gefährlich wie spitzes Astwerk des Schlehenstrauches.

Die Alten, die noch immer den herbstlichen Tanz der Nebelhexen zwischen den Wacholdern fürchteten und tote Schleiereulen an das Scheunentor nagelten, um den Roten Hahn damit vom Hofe fernzuhalten, prophezeiten schlimme Tage fürs Moor, wenn der Schwarze dort seinen Einstand behielte; das schwarze Tier hätte immer schon Unglück gebracht, sagten sie, und sie erzählten Gruselgeschichten, die so alt waren wie das Moor.

In den wilden Wäldern der »Mägdeheide«, die sie »Lucie« nannten, hätten die schwarzen Rehe schon im 17. Jahrhundert Unruhe unter den Jägern des Bischofs von Verden gestiftet und viel Neid und böse Gedanken, sagten sie, und das sei heutzutage nicht anders.

Der Holm Sandler lachte darüber und ging nicht mehr gramgebeugt durch das Dorf, seit das Korn gefallen war, denn nun fährtete er den Geisterbock nur noch im Moor und das gehörte zu seiner Pacht.

Lars Lüdinger versteckte an der Grenze eine kleine, transportable Kanzel, die er mal abends, mal morgens bestieg und die von den Förstern nebenan »Amtsgerichtsloge« genannt wurde, weil sie gefährlich nahe der Grenze stand und der dichte Buschwald dahinter nur den Schuss ins fremde Revier zuließ, der Tatbestand der Wilderei damit vorprogrammiert war. Den Heidekrug besuchte der Lars Lüdinger seit Tagen nicht mehr, und die Leute vom Dorf sagten im August, der Lüdinger habe beim Militär in Munsterlager ein ausgedientes Nachtsichtgerät erworben.

Darüber zwang sich der Holm Sandler nur ein müdes Lächeln ab und er fragte den Schäfer aus Rahnstedt, ob er abends, wenn die Schafe im Gatter stünden, im Schäferkarren auf den Bock ansitzen dürfe?

Die Idee mit dem Schäferkarren war ihm eines Nachts gekommen, als der »Schwarze« wieder einmal durch seine Gedanken gegeistert war und seine Nerven strapaziert hatte. Durch alle Jahreszeiten hindurch stand der zweirädrige, von den rauen Wettern angenagte Wagen irgendwo in der Heide oder im Moor nahe dem Felde und alles Wild hatte sich an ihn gewöhnt. Mit seiner Hilfe würde er den schlauen Bock überlisten und damit dem Lüdinger Lars »das Lichtlein der Hoffnung« ausblasen!

Die Winde kamen jetzt von Nordost über die Heide und brachten wieder kalten Regen mit, der die Wanderer, die in trockenen Jahren scharenweise die Heide zertrampelten, fernhielt, und das kam dem Wild zugute.

Als aber die vierte Nacht im Schäferkarren hinter ihm lag, die wie jede vorher nachmittags um viere begann und um sieben Uhr morgens mit kalten Füßen und einem schalen Geschmack im Munde endete, und vom »Schwarzen« nichts zu sehen gewesen war – nur die Ricken und die Schmalrehe ästen sich bis an den Wagen heran, kamen ihm die ersten Zweifel. Der Haussegen daheim hatte inzwischen Schieflage, denn seine Josephine stand von morgens bis abends im Stall und kam am Tage nicht mehr zum Hausfrauenkränzchen und zum Friseur auch nicht.

Er müsse es noch einmal mit der Pirsch vom offenen Moor herauf versuchen und dabei den alten Moorgraben nutzen, dachte er verzweifelt. Der Graben ist tief und die Winde gehen darüber hinweg, ohne Witterung in die Heide zu tragen. In den langen Fischerstiefeln, die ihm bis zum Gesäß reichten, stapfte er in der Nacht durch den stinkenden Schlamm. Als der neue Tag sich schwerfällig durch die Machandelwildnis quälte, das bleiche Nebelband aber mit der zaghaften Helligkeit noch im Zwist lag, erkannte er schemenhaft den Schäferkarren und davor, unter der Fensterklappe, aus der er Nacht für Nacht Ausschau gehalten hatte, stand aufrecht und zu ihm herübersichernd, der Geisterbock, groß und hoch und unheimlich, wie der Teufel persönlich.

Holm Sandler vermochte die Finger nicht zu bewegen, sie waren klamm wie seine Beine, und auch die Lippen waren in der nebligen Kälte erstarrt, sodass der Fluch ihm in der Kehle stecken blieb. Mit erhobenem Grind zog der Bock hinüber zum Stoppelacker und verschwand langsam, ganz langsam im dichten Nebel.

»Ich pack's nicht mehr«, klagte er tags darauf seiner Josephine, die inzwischen tiefe Sorgenfalten trug, denn ihr Holm aß kaum noch, hatte aber überall den »Alten Heidmärker« griffbereit.

Oft stand er minutenlang still vor dem Wandkalender an der Küchentür. Die Jagdzeit lief aus und er glaubte in dieser teuflischen Mischung aus Glücklosigkeit und Neid, dass der Alterungsprozess in ihm in den vergangenen sechs Wochen einen gewaltigen Sprung vorwärts getan hatte.

Eines Abends hängte er in aufkommender Depression das krumme Gehörn eines Spießers auf den freien Platz an der Kaminwand, den er für seinen schwarzen Bock reserviert hatte. Am Morgen montierte er den Pflug, schwang sich auf den Traktor und tuckerte hinaus zum Föhrenwald, um endlich den Stoppelacker zu schälen.

Unterwegs dorthin traf er den Schäfer aus Rahnstedt, der ihn lachend grüßte und zum Anhalten zwang.

»Sandler, euer Bock narrt euch«, rief er und seine Augen leuchteten spitzbübisch unter der breiten Timpenmütze hervor; der Schelm in ihm labte sich an Holms Miene.

»Seitdem du nicht mehr in meinem Karren hockst, steht der ›Schwarze‹ jeden Morgen am Torfgraben und kümmert sich um mich nicht und nicht um die Hunde, und wenn ich Feuer lege und dann das Wasser im Kessel brodelt, schaut er nur kurz herüber und äst dann weiter – ’s ist kein Jägerlatein!«

»Ich glaub’s dir, Schäfer«, murmelte Holm Sandler und fuhr weiter, etwas schneller, als es erlaubt war, aber er wollte rasch wegkommen vom Dorf und von den Leuten, die sich inzwischen, so ahnte er, über ihn lustig machten.

Wie in seiner besten Zeit zog er Furche um Furche, geradlinig und tief, freute sich über die dunkle Scholle, die er umbrach, einen Boden, der schon zu seines Vaters Zeit Jahr für Jahr die Scheune füllte. Erst gegen Mittag lichtete der bleiche Nebel auf und gab das Umland frei. Die Sonne stritt mit den grauen, regenschweren Wolken und überließ ihnen schließlich den restlichen Tag. Die Vorboten des Herbstes waren ebenso nass und kalt, wie es der ganze Sommer gewesen war. Der Wind zwang ihn, unter den dicken Waldparka noch einen dicken Pullover anzuziehen.

Seit Langem schmeckte ihm die Pfeife wieder und er dachte in versteckter Scham daran, dass er sich wochenlang wie ein alberner Trottel benommen hatte, wie ein Kind, das um ein Spielzeug bettelt und wütend strampelt und beleidigt ist, wenn man es ihm verweigert. Ein Mann, der entbehren kann, ohne dabei sein Gesicht zu verlieren, war er nicht gewesen, nein, ein Trottel war er gewesen!

Drüben am Buschrand erkannte er Lars Lüdinger, der gebückt durch den braunen Farn stolperte und verstohlen zu ihm herübersah. Holm ließ sich durch ihn die Pfeife nicht vermiesen, konzentrierte sich auf die Furche, die der Traktor zog, und als er schwungvoll wendete, oben vor den knorrigen Buchen, die schon ein Hauch vom herbstlichen Gold erkennen ließen, trat der Geisterbock aus der hüfthohen Graswildnis hervor, zupfte gelangweilt an den Brombeerranken und kümmerte sich weder um den lärmenden Traktor noch um den Menschen, der auf ihm saß.

Welch ein Anblick!

Holm sah, dass der Lars Lüdinger das Glas an die Augen drückte, dann aber mit den Armen durch die Luft fuchtelte und weit ausholend im Walde verschwand.

Das wird der Lüdinger nicht vergessen, dachte Holm Sandler schmunzelnd, und er drosselte den Motor etwas, um sich in langsamer Fahrt noch eine Weile des großartigen Bildes zu erfreuen – der pechschwarze Bock mit dem silbrigen Schimmer im Gesicht vor den roten und gelben Büschen der Brombeeren, davor das goldgelbe und braune Waldgras und dahinter die gewaltige Mauer des alten Holzes!

Im Dämmerlicht dieses denkwürdigen Tages fuhr er frohen Gemütes auf seinen Hof und als er in die Stube eintrat, saß dort der Forstmeister Hergenrath vom Staatlichen, der ihn herzlich grüßte.

»Ein schwarzer Bock geht in unserer Hegegemeinschaft! Herr Sandler, ich möchte Sie bitten, ihn zu schonen, falls er Ihnen vorkommt«, sagte er, und Holm Sandler rang um die passende Antwort, fand sie nicht, denn er war sicher, dass der Forstmeister Kenntnis hatte von den hässlichen Bemühungen der beiden Jagdneider, den Bock auf die Decke zu legen.

Aber der Forstmeister war ein feiner Mann. Als er sich verabschiedete, drückte er Holm kraftvoll die Hand und verbeugte sich in Kavaliersmanier vor Josephine.

»Verzeihen Sie meinen Besuch zu dieser Stunde, es war ein schwerer Tag für Sie. Der Herr Lüdinger sagte mir, dass Sie am Föhrenholz gepflügt haben, dort sah er den schwarzen Bock. Der wird überleben, denn er ist ein Heimlichgänger!«

»Ja, ein Geisterbock ist er! Der versteht es, die Jäger zu narren«, erwiderte Holm Sandler in wiederkehrender Fröhlichkeit und es interessierte ihn nicht, was der Lüdinger wohl ausgeplaudert hatte. Was sollte er denn auch sagen? Wir Jäger sind Schlitzohren, der Lüdinger, ich und der brave Forstmeister auch, dachte er und blinzelte seiner Josephine zu, die froh war, dass er wieder lachte.

Der kurze Sommer, der einem nassen und schneearmen Winter folgte, war trocken, zu trocken für Saat und Kraut, und die Klagen, die übers Land gingen, hatten nun einen anderen Klang; im Vorjahr beschimpften sie die Nässe und nun die Trockenheit. Der Raps kümmerte in den Mai hinein und das Getreide jedweder Art stand so schwach im Halm, dass sich Lars Lüdinger, der seit Weihnachten wieder mit Holm Sandler sprach, mit dem Gedanken trug, die Felder aufzugeben und sie für eine Spätfrucht umzupflügen. Die Konservenfabrik in Hamburg, bei der Lüdinger unter Vertrag stand, empfahl ihm das.

Holm Sandler, der im Heidegrund auf Zuckerrüben und Kartoffeln gesetzt hatte, ging es nicht ganz so schlecht, denn der Boden gab bis Mittsommer reichlich Wasser.

Der Schwarze vom Föhrenholz war durch die winterlichen Skatabende im Heidekrug gegeistert; er blieb der »Geisterbock«, obwohl sich seine starke Fährte im März im Staatlichen verloren hatte. Die Förster erfreute er noch einmal beim Holzeinschlag im Lärchengrund, wo er ohne Scheu an ihnen vorüberzog und so nah an sie herankam, dass sie sogar die Bewegung seiner Lichter und die des Geäses erkennen konnten. Das war der letzte Spuk des »Geisterbockes«, danach blieb er verschollen.

Der Maler Heinerle, der am Rande des Dorfes in einer alten Kate sein Atelier betrieb und abends im Heidekrug immer in der dunklen Ecke neben dem offenen Feuer saß, hatte den Schwarzen in Öl auf Leinen gemalt und das ungerahmte Bild in der Gaststube so platziert, dass er Holm Sandler, der stets am Ende des langen Holztisches Platz nahm, mit seinen übertrieben funkelnden Lichtern ansah, Stunde um Stunde, so oft der Holm den Krug aufsuchte.

Aber der Maler Heinerle hatte ein Fabeltier gemalt, das es so nicht gab, und wenn sie lange genug über Bier und Korn saßen, dichteten sie dem Schwarzen vom Föhrenholz immer neue, immer unheimlichere Geschichten an. Der habe Stellmanns Gabelbock im Wietzenmoor brutal abgeforkelt und zwei seiner Schmalrehe fast zu Tode gehetzt, obwohl der Dorfgendarm bescheinigt hatte, dass der Bock im Erbsendraht des Bauern Beutler zu Schaden gekommen war und die Rehe von einem streunenden Terrier gehetzt wurden.

Als sie eines Tages an der Grenze zur Grafschaft einen verendeten Damspießer fanden, an welchem eine handgroße Verletzung das Gescheide freigelegt hatte, tuschelten sie hinter vorgehaltenen Händen, dass nur der »Geisterbock« als Täter infrage käme! Und an der Grenze legten Unbekannte den Warnbruch, dreimal den gerundeten Fichtenzweig frisch vom Baum.

Dann brannte das Moor hinter dem Graben und die Flammen erreichten fauchend mit dem Nordwind die Wacholderwildnis und es prasselte und knallte so entsetzlich, dass sie es in Rahnstedt hörten, das hinter dem Walde liegt.

Holm Sandler ahnte Schlimmeres noch und auch der Pastor vernahm es, wenn er über den Anger ging. Sie schürten die Furcht vor den Geistern, die es nicht gab, die sie aber so lebendig schilderten, dass er am Sonntag bebenden Gemüts auf die Kanzel stieg und sie von dort oben mit seinen Blicken und Worten strafte.

»Ihr Heiden! Zwischen eurem Gott und euch stellt ihr einen schwarzen Rehbock, und wenn der Herbststurm die Wacholder in der Heide packt und schüttelt, dann tanzen dort eure Hexen, in denen die Seelen eurer Verstorbenen leben, und im Brausen des Windes vernehmt Ihr deren Stimmen. Das Feuer wird euch nicht heimsuchen, weil ihr Vögel an eure Häuser nagelt, glaubt ihr.

Und ihr seid in eurem Aberglauben so dreist, des Herrn Haus am Sonntag aufzusuchen und mit feierlicher Miene der Orgel und den

Worten des Pastors zu lauschen. Wenn ein Unglück euch oder das Dorf heimsucht, so nicht, weil das die Geister, die ihr beschwört, machen, sondern euer Leichtsinn und der Ungehorsam vor dem Herrn! Wer der Schönheit sein Herz verschließt, verdirbt sich und anderen die Freude am Leben. Schönheit ist, was eure herrliche Natur hervorbringt, die Blumen am Zaun, der Vögel Stimmen im Gebüsch, der wärmende Sonnenstrahl, der kalte Regen, der schwarze Rehbock im Moor, der Wind, der die Heide kämmt. Wer sich freuen kann, der wird Gott nahe sein, wer sich aber den Geistern verschreibt, der ist des Teufels!«

Bis zum Teufel hatte der Holm Sandler des Pastors donnernde Predigt vernommen, dann überkam ihn die Müdigkeit mit solch unbezwinglicher Gewalt, dass ihm das Gesangbuch entglitt und polternd auf den Boden schlug und seine Josephine ihm entsetzt zwischen die Rippen fuhr.

Ihr Nachhauseweg führte sie an den riedgedeckten Häuslingshäusern des Dorfes vorüber; die liegen an der Straße nach Rahnstedt. In ihnen wohnten jetzt Leute aus der Stadt, die hochnäsig wegschauten, wenn die Bauern vorüberfuhren, denn sie glaubten, etwas Besseres zu sein als die einfachen Leute vom Dorf, die ihrer Meinung nach nur bis zum Horizont hinter der Heide sehen und denken konnten.

Die Josephine hatte beim Kaffeekränzchen der Landfrauen, die jedes menschliche Wesen des Dorfes auszogen und nackt unter die Lupe nahmen, erfahren, dass einer der Neuen in den Riedhäusern eine zwielichtige Gestalt aus dem Hafenmilieu sei; der Mann trage bei Sonne, Regen und Schnee stets genopptes Leder und einen »dicken Wagen« fahre er, der so teuer sei wie ein Mähdrescher. Die Kinder vom Dorf nannten ihn den »Ledermann«. Dieser saß auf der Treppe seines Hauses, als Holm und Josephine heimwärts liefen, und er war im Begriff, mit einer Säge ein fast schwarzes, reich geperltes Rehgehörn vom ebenso schwarzen Schädel abzutrennen.

Heiß durchfuhr ein Schreck den Holm und er ging zu dem Mann.

»Woher kommt dieser Bock?«, rief er aus.

Die kleinen, unter buschigen Brauen verborgenen Augen gaben dem Mann ein recht unheimliches Aussehen, er zeigte breit grinsend seine Zähne.

»Das geht Sie einen Dreck an«, zischte er. Holm war außer sich vor Wut.

»Ich bin der Jagdpächter und Sie erklären mir sofort, wie Sie zu diesem Bock kommen!«

Holms Worte verfehlten ihre Wirkung nicht. Der Mann zwang sich jetzt zur Mäßigung.

»Der ist mir bei Handorf auf den Wagen gesprungen – kommen Sie, sehen Sie sich das an«, sagte er und führte sie hinter das Haus, wo sein dunkelblauer Jaguar stand. Der linke Kotflügel des Wagens war eingedrückt, die Scheinwerfer zertrümmert. Zwischen den Glassplittern klebte Schnitthaar.

»Danach war das Reh nur noch eine fleischige Masse, liegt vor Handorf im Feld.«

»Haben Sie den Unfall gemeldet?«

»Was denken Sie, ich fuhr überhöht auf der Landstraße, das kostet mich den Lappen. Aber der Wagen will ausgefahren werden, kommen Sie mir nicht mit der Polizei!«

Die Furcht vor der Polizei hat vermutlich noch andere Gründe, dachte Holm Sandler, der »Ledermann« hatte plötzlich ein Problem.

»Ein Kleinwagen wäre bei diesem Aufprall mein Tod gewesen«, sagte er. Das Gehörn, na ja, das wolle er auf ein Brett schlagen und als Garderobenhalter im Flur anbringen.

Holm verschlug es die Sprache. Er umfasste das gleichmäßig gewachsene Sechsergehörn, das große Rosen und eine reiche, dicke Perlung aufwies. Im Vorjahr standen die Stangen enger! Er erinnerte sich genau daran, die Perlung hatte sich in Lauschermitte berührt.

»Was nun«, fragte der »Ledermann«?

Holm Sandlers Wut machte einer stillen Trauer Platz, die im Inneren schmerzte. Dieses Ende hatte der Schwarze nicht verdient! Aber die Entfernung? Zweifel kamen auf. Vielleicht log der Mann?

»Handorf, das sind sieben Kilometer von hier«, sagte er, aber der Mann erkannte Holms Zweifel und preschte vor.

»Was von ihm übrig ist, liegt bestimmt noch neben der Straße dort, ist ja erst gestern in der Frühe passiert«, erwiderte er trotzig.

Holm glaubte ihm. Sieben Kilometer sind für einen verrückten Bock keine Strecke, dachte er.

»Das Gehörn nehme ich mit. Ich mache dem Jagdverband Meldung und man wird den Pächter in Handorf verständigen!«

»Aber keine Polizei«, bettelte der Mann.

Holm Sandler schüttelte den Kopf, dachte aber, dass die Aneignung des Rehgrindes ein Akt der Wilderei war. Unruhe wird die Sache stiften, davon war er überzeugt, und das Gehörn des Schwarzen konnte er wohl abschreiben, das würde in einer Trophäenschau des Verbandes irgendwo einstauben, schade!

In einem Plastikbeutel, eines so stolzen Bockes unwürdig, trug er das Gehörn nach Hause.

Hinter seiner Scheune weidete der Schäfer aus Rahnstedt seine wollige Herde.

»Tag«, rief er herüber und lachte so breit, dass sich sein Gesicht rund formte und die Pfeife, die zwischen seinen Zähnen klemmte, gefährlich wackelte.

»Ihr werdet es nicht glauben, Sandler, euer Schwarzer steht wieder am Moorgraben in der Nähe meines Karrens. So was von Bock gibt's nur einmal! Wie ein Geist stand er plötzlich da, als ich die Luke am Wagen heute Morgen aufstieß, die braunen Rehe sind bei ihm.«

Holm Sandler ging langsamen Schrittes in sein Haus und geradewegs zum Eichenschrank im großen Zimmer, in welchem die Flaschen und Gläser standen. Er ergriff das vorderste Glas, füllte es randvoll mit dem »Alten Heidmärker« und trank es aus, wie ein Verdurstender ein Wasserglas leert.

»Das ist doch alles nicht wahr«, murmelte er und ließ sich in den Ledersessel fallen.

Knuts Hein, ein Jägerleben

Pfarrer Anton Wendler besaß die seltene Begabung, bildhaft und rührend erzählen zu können. Ich übte mich im Zuhören – wer kann das in dieser hektischen Zeit noch?

An jenem regnerischen Novembertag, an welchem der Jäger Knut Severien friedlich in seinem Ohrensessel, wie er sich das gewünscht hatte, sein aufregendes Leben aushauchte, lag im Haus am Walde ein seltsam befreiendes Schweigen, das nur vom Knarren der Dielen unterbrochen wurde, wenn sich der Enkel Trutz vom Sessel zur Türe oder umgekehrt darüber hinwegbewegte.

»Dass ihr nicht Trauer blast, wenn's mit mir zu Ende ist, 's war ein stolzes Leben«, hatte der Knut Severien des Öfteren gesagt, wenn sie in froher Runde zusammensaßen. Aber die Freunde hatten ihn nicht ernst genommen; wer spricht denn vom Tod, wenn das Leben grad so schön ist und der Rausch fröhlicher Worte beim Wein die Zunge löst und die Lieder klangvoll und laut über die Lippen kommen?

Der Knut aber sprach vom Tod, weil der von Jugend an mit ihm war, ein stiller Wegbegleiter wie ein Freund, ein besserer Freund als manch anderer vielleicht?

Oft hatten sie am Jägertisch, wo Knut Severien seinen festen Platz in der Ecke links neben dem riesigen Kachelofen besaß, mitleidvoll über ihn gelächelt, wenn er wieder einmal zu später Stunde ankündigte, dass »sie beide« nun gehen wollten, es sei des Weines genug und ihr Weg hinauf dunkel und steinig.

»Sein Freund will gehen, Alois, die Zeche für beide zahlt der Knut«, grölte dann der Viehhändler Vinzenz Poppelmann durch die Schankstube zum Wirt hinter der Theke, und die anderen am Tisch lachten Tränen und schlugen mit ihren bierschweren Händen auf die Tischplatte, so lustig fanden sie Poppelmanns Sprüche.

Nur der Knut blieb ruhig, rutschte auf der Holzbank nach vorne und warf in bester Laune seinen Loden über, schwenkte dankend seinen speckigen Hut mit der Birkhuhnfeder daran und verließ die Lästermäuler aufrechten Ganges.

War die Tür hinter ihm ins Schloss gefallen, hörte er sie noch schnatternd durcheinanderreden, seinen Namen und den des Todes, den sie »Knuts Hein« nannten.

Er schlurfte dann seinen Weg hinauf, hob müde die Füße vom Stein, weil die Gelenke schmerzten und das Herz sich mit harten Schlägen gegen den am Wald steiler werdenden Hügel stemmte.

Wenn das dürre Laub, durch das er schritt, sich hinter ihm raschelnd niederlegte, glaubte er, die Schritte des Todes wahrzunehmen, aber er verspürte keine Furcht vor der Dunkelheit der Herbstnacht.

Der Enkel Trutz, der im schwierigen Holz im Berg sein Geld verdiente, und Hochwürden von St. Markus, der greise Anton Wendler, waren die einzigen Menschen, die den Knut Severien ernst nahmen und ihm mit einer tief innigen Ehrfurcht begegneten, weil sie die Sache mit dem Tod glaubten.

»Damals«, sagte Anton Wendler bewegt, »damals, als ich jung war und von Idealen geprägt ins Tal kam, hatten die Leut' noch die Nähe zum Tod und das machte sie gläubig und dankbar vor dem Herrn.

Mit den Fremden kam das Geld in unser Dorf und sie begannen, ihre Seelen zu verschachern. Wenn heut' noch einer ernst ist im Glauben und in den besten Jahren seinen Sarg beim Tischler nach Maß fertigen lässt, halten sie ihn für verrückt.«

Unzählige Male war Pfarrer Anton Wendler hinaufgestiegen zum Wald, hatte droben im Holzhaus unter den Geweihen und Gehörnen, den Krucken und Schnecken gesessen und dem Knut Severien zugehört, wenn dieser in seinen Erinnerungen schwelgte, in einem Jägerleben, das bestimmt war von den rauen Wettern im Berg, vom harten und lockeren Fels am Pirschpfad und von den Sturzwassern, die zweimal im Jahr ihre Wildheit offenbarten. Des Nachts schadlos zurückgekehrt, war der Knut immer unter dem Kruzifix niedergekniet und hatte dem Herrn inbrünstig für den ihm widerfahrenen Schutz gedankt.

An jenem regnerischen Novembertag um die Mittagszeit hatte der Trutz Hochwürden aus dem Beichtstuhl geholt, und sie waren beide hinaufgekeucht den steilen Weg zum Holzhaus und in dem Zimmer mit den kleinen Fenstern, die nur spärlich das dämmerige Licht des Herbsttages hereinließen, angekommen, als sich Knut Severiens magere Finger um die Bibel legten und er mühsam die Lippen bewegte. Der Anton Wendler beugte sich nieder zu ihm und hielt den Atem an, um Knuts Worte aufnehmen zu können.

»Der Bub, der soll den Tod ehren, damit der gnädig mit ihm im Berg umgeht, wenn er die Axt führt oder den Stutzen und damit sein Ende mal so ist wie meines«, hauchte Knut Severien, und der Pfarrer legte das geweihte Band über seine Hände und sprach langsam das Vaterunser, und der Trutz, der hilflos dabeistand, wischte eine Träne von seiner Backe und bewegte nur die Lippen.

Der Trutz war dann oben geblieben, bis sie den Großvater hinunter in die kleine Kapelle neben St. Markus trugen. Er war dann zum Pfarrhaus gelaufen, wo Anton Wendler ihm abends unter dem gewaltigen Geweihleuchter, den Knut Severien einst aus den Abwurfstangen seiner Hirsche gebastelt hatte, die seltsame Geschichte des Großvaters erzählte, so wie dieser sie ihm anvertraut hatte.

Der Knut Severien war gerade mal 16 Jahre alt, als ihn in den Schroffen des Rofans eine »Höllenotter« biss. Im linken Bein, oberhalb des Knöchels hatte sie ihn erwischt, als er mit dem Revierjäger Luisl, der sein Lehrprinz war, in den Berg einstieg, um einer abgestürzten Gams die Krickeln abzuschärfen. Die Schlange ruhte auf einer von der Mittagssonne aufgeheizten Felsplatte und der Knut berührte sie hart mit dem Bergstiefel.

Im Bein erkannten sie nur zwei winzige, nebeneinanderliegende Einstiche, aus welchen ein bisserl Blut rann, und weil der Knut ein verwegener, kräftiger Kerl war, stiegen sie weiter ein. Aber noch bevor sie die tote Gams erreichten, fiel dem Knut das Atmen schwer und bald wurde ein schlimmes Keuchen daraus und sein Bein färbte sich am Biss rot und schwoll an.

Da hatte der Luisl die Idee mit dem Schnaps, kramte die Flasche mit dem hochprozentigen Enzian aus seinem Rucksack und ließ den Knut die halbe Flasche leeren. Der Luisl war überzeugt davon, dass die Rosskur den Knut wieder stabilisiert; das Rezept hatte er aus dem Engadin mitgebracht, wo Winzer damit erfolgreich waren.

Aber das Gegenteil trat ein, der Knut fiel um wie ein gefällter Baum, und hätten die Flößer drunten am Berg nicht des Luisls Jagdhorn mit dem Notruf gehört, durch das Rauschen des Wassers hindurch, wäre der Knut im Fels gestorben. So schleppten sie ihn ins Tal und von dort zum Doktor Dominikus.

Der Knut wusste vier Tage später nur, dass er in einem gleißenden Licht dem Tod begegnet war, der ihn noch nicht haben wollte. Aber wo immer er darüber sprach, wurde er belächelt und selbst der Vater spöttelte: »Entweder du bist tot oder du lebst!«

Die Otter aber hatte dem Knut die Seele gestärkt und ihn dem Herrgott ein Stückchen nähergebracht, und nie trachtete er einer Schlange nach dem Leben.

Im Winter darauf geriet das Wild in arge Bedrängnis, denn es schneite zwei Wochen lang ohne Unterlass. Die Jäger schleppten sich müde mit Heu und den Rüben, aber es half wenig. Reh und Gams bewältigten den hohen Schnee nicht mehr und auch das Rotwild kämpfte sich nur mühsam hindurch. So schaufelten die Jäger die Wechsel zu den Fütterungen frei und gruben die geschwächten Tiere aus dem Schneewall.

In einer einzigen Nacht aber kippte das Wetter um und es regnete, und plötzlich gerieten die Schneemassen in Bewegung. Die Lawine donnerte durch den Hochwald und riss Steinbrocken mit, die so groß waren wie die Almhütten der Bauern im Berg. Und diese Lawine, deren schauerlichen Lärm sie drüben im Dorf noch hörten, begrub den Knut Severien unter sich, als er ein Heubündel hinaus zur Fütterung schleppte.

Das Heu aber war seine Rettung! Nach einem Tag und einer Nacht fanden sie seinen Filzhut mit der Birkhuhnfeder daran neben der kleinen Brücke und eine Heugabel, und sie gruben, zwölfe an der Zahl, bis zur Erschöpfung und sie zogen ihn schließlich lebendig aus dem Schnee. Der Knut lächelte müde, schwieg aber still, denn sie hätten wieder gelästert, wenn er ihnen erzählt hätte, dass er wieder dem Tod begegnet war und dass der ihn auch dieses Mal noch nicht hatte haben wollen.

War es denn wahrhaftig so, dass der Bub das Unheil anzog?

Wenn der Knut im Berg war, hatte die Mutter den trostlosen Blick. So war es auch an jenem stürmischen Septembertag, als der Sohn abends beim zehnten Schlag der Schrankuhr noch nicht im Hause war. Die Mutter hatte sich das Kopftuch festgebunden und war gegen den grölenden Orkan zum Forsthaus in der Schlucht gelaufen.

Die Förster schliefen schon, aber Knuts Mutter schlug mit ihrem Stock so lange gegen die Pforte, bis die Hunde anschlugen und die Förster an der Tür erschienen. Als sie die verzweifelte Severienerin erkannten, ahnten sie das Unglück und wenig später waren die Jäger und die Holzhauer alarmiert und sie stiegen in den Berg ein. Es war eine gespenstische Szene, wie sich die im Sturm wild flackernden Fackeln und Laternen durchs Gebirge bewegten. Währenddessen hatte die Frau unter dem Muttergottesbild gekniet und für ihren Knut gebetet, voller Angst, denn in einer Sturmnacht wie dieser war einst ihr Bruder im Holz geblieben.

Den Knut fanden sie unter den Latschen am »Kofel«. Dort lag er zusammengekauert und hatte viel Blut verloren aus einer klaffenden Wunde am linken Oberarm, wo ihn die Kugel eines Wilderers nachmittags böse erwischt hatte. Der Knut hatte sich auf die noch warme Gams gelegt, die er dem Wilderer streitig gemacht hatte, und auf Hilfe gewartet, doch mit jeder Stunde in die schreiende und kreischende Nacht hinein schwand die Hoffnung auf Rettung dahin. Den Schuft hatte er angeschossen, denn sie fanden neben der Gams ein blutgetränktes, rot kariertes Tuch.

Vier Tage später trugen Bauern im Nachbardorf einen Holzknecht zu Grabe, der an einer Brustverletzung im Berg gestorben war, was die Gendarmerie veranlasst hatte, den Fall zu untersuchen, denn es handelte sich um eine Schussverletzung.

Der Knut schwieg fortan über das, was sich droben am »Kofel« ereignet hatte; der Tod wollte ihn immer noch nicht, und sie hätten wohl wieder gelacht und gelästert über ihn und »seinen unheimlichen Begleiter!«

Die Fürstlichen vom Schloss, in deren Diensten der Knut Severien stand, lobten ihn wegen seiner Zuverlässigkeit. Da er obendrein ein höflicher Mann mit guten Manieren war, der sich auf das Planen und Organisieren verstand, nahmen sie ihn zur jährlichen Auslandsjagd als Begleiter für seine Durchlaucht mit, der ein bisserl gehbehindert war.

Im Dezember fuhr man mit großem Tross und viel Pomp zur Schwarzwildjagd nach Ungarn, aber das Ganze hatte wenig mit dem edlen Waidwerk zu tun als vielmehr mit einem lustigen Adelstreffen.

In der illustren Gesellschaft war der alte Herr der einzige, dessen Lebensinhalt die Jagd war. Knuts Jagdpassion schätzte er so sehr, dass im Verlaufe einiger Jahre aus dem gemeinsamen Jagen eine Männerfreundschaft von seltener Prägung wurde. Sie duzten sich, aber nur, wenn sie bei der Jagd alleine waren; das hatte der Fürst so gewünscht und der Knut hatte sein Wort darauf gegeben. Ihm stieg diese Freundschaft nicht zu Kopfe, er blieb ein schlichter Mensch und ehrte damit das Bauerngeschlecht der Severiener.

Wenn aber die beiden ungleichen Jäger unterwegs waren, abseits des adligen Gehabes im Schloss, dann ging es hoch her, und es geschah nicht selten, dass sie nachts im fernen Jagdhaus drei Flaschen schweren Weines leerten und danach ihre erhitzten Köpfe im Quellbach vor der Hütte abkühlten.

So auch in der Nacht nach dem großen Drücken im Donauried. Bei der zweiten Flasche Tokajer hatte der adlige Herr gewettet, beim morgendlichen Pirschgang noch eine Sau zur Strecke zu bringen. Sie ahnten nicht, dass im Sumpfgestrüpp eines Donaualtarmes ein angeschweißter Keiler durch den Morast pflügte. Er traf auf die noch angesäuselten Nimrode, als denen die Augen vor Müdigkeit zufielen, und er nahm den Knut Severien sofort an.

Der fiel rücklings in den Schlamm und der Keiler erwischte ihn am linken Arm. Doch die Kugel des Fürsten streckte den Bassen über dem Knut nieder, was der alte Herr danach selber nicht glauben mochte. Erst als er den gestreckten Keiler sah, erkannte er die teuflische Situation, in der sie beide sich befunden hatten. Der Knut aber, der im Morast die Rolle einer suhlenden Sau übernommen hatte, haderte mit dem Tod und sagte wütend »so nicht, nein, so nicht«, worauf der Fürst, der sich angesprochen fühlte, erwiderte, er möge ihm verzeihen, denn diesen Verlauf der Saupirsch habe er nicht vorhersehen können! Da schwieg der Knut und er spürte, dass der Tod ihm als ständiger Begleiter lästig wurde.

Sein Leben lang baute der Knut Severien Hochsitze und Kanzeln nur in das Geäst alter Nadelbäume oder in frei stehende Sträucher aufgelockerter Kulturen, und er mied die alten Eichen und die Ulmen, »weil die stark Wasser ziehen«, wie er das zu erklären versuchte. Seinen Lehrprinzen Luisl hatte der Blitz unter einer Eiche erschlagen und den Flösser Helmfried erwischte er unter einer Ulme. Das war dem Knut eine himmlische Mahnung.

Im Revier, oberhalb des Brunftplatzes der fürstlichen Hirsche, war eine uralte Kanzel in der stolzesten Eiche des Berges eingewachsen. Die hatte der Vater des Fürsten eigenhändig dort hineingebaut und von ihr aus seine stärksten Hirsche erlegt. Mittags, an einem sonnenhellen, schwülwarmen Junitag, der nach versengtem Holz roch und die Vögel des Waldes zum Schweigen brachte, kletterte der Knut mit müden Gliedern in die Eiche im Berg, baute sich aus seinem Loden und dem Rucksack ein weiches Lager droben und schlief ein. Es war zu viel der Arbeit an diesem drückenden Tag, der so glasklar über den Wäldern lag, dass sogar die silbrigweißen Zacken des Wettersteins zu erkennen waren. Drei Stunden am Stück hatte er an der Hütte das Kurzholz aufgesetzt, und nun ging nichts mehr.

Er schlief tief und fest und durchwanderte die herrlichsten Träume, die ihn durch die goldenen Weinberge des Engadin führten, wo er bei deftiger Brotzeit zwischen lachenden Dirndln lustige Lieder sang. Er hörte das harte Poltern der Leiterwagen, wenn diese mit der saftigen Frucht über die holprigen Steinwege zu Tale fuhren.

Als er im Schreck darüber erwachte und mit Entsetzen erkannte, dass nicht Leiterwagen, sondern Donnergrollen das dumpfe Poltern verursachte, warf er seine Sachen hinunter und sprang hinterher, ohne sich der Höhe bewusst zu sein. Mit verstauchtem Knöchel hetzte er hangabwärts und warf sich zwischen die kleinen Tannen, als die Wolken ihre Schleusen öffneten und einen eisigen Regen auf den Wald gossen. Es krachte und fauchte um ihn herum, dass er, der starke und furchtlose Jäger, zum ersten Male in seinem Leben Angst in der Brust verspürte.

Als der Spuk nach einer Stunde vorüber war und die Sonne den Wald ringsum versilberte, gab es die alte Eiche mit der Fürstenkanzel darin nicht mehr; die lag in tausend kleinen Splittern verstreut im Holz.

Als dem Knut bewusst wurde, was der Blitz da angerichtet hatte, fiel er zu Boden und dankte der Muttergottes für den erneuten Schutz. Dem Tod zürnte er.

»Wann holst du mich, sag's, dass ich mich einricht'«, fragte er seinen unsichtbaren Begleiter auf dem Weg hinab ins Tal, denn der Knut wusste, dass »Freund Hein« wieder einmal seine Hände im Spiele gehabt hatte.

Der Knut Severien war gealtert über all die aufregenden Ereignisse in seinem Jägerleben. Immer öfter blieb der Bergstutzen am Haken in seinem Jagdzimmer hängen, und als die »Silly«, seine Brandlbracke, von einer Steinlawine mitgerissen und erschlagen wurde, mochte ihm das Waidwerken keine Freude mehr bereiten; die »Silly« war die eine Hälfte seines Herzens gewesen.

»So war das im Frühling mit ihm und im Sommer auch, den November kennst du, junger Freund!«, schloss Pfarrer Anton Wendler seine Erzählung über Knut Severien.

Mit ernstem Gesicht und feuchten Augen hatte der Trutz zugehört. Er verspürte den Wunsch, so aufrecht durchs Jägerleben zu gehen, wie der Großvater ihm das vorgelebt hatte, in Ehrfurcht vor dem Herrgott und der Schöpfung und dabei den Tod, diesen stillen Wegbegleiter nicht verachtend; »der gehört zum Leben«, hatte der Großvater immer gesagt.

»Wie steh'n Sie zum Tod, Hochwürden«, fragte der Trutz schüchtern in der Türe und Anton Wendler legte ihm eine Hand auf die Schulter und sah ihm in die Augen.

»Er ist mit mir Tag und Nacht, Bub! Ich ahne ihn am Grab des Kindes, das nur ein paar Stunden leben durfte, und spüre ihn an der Bahre der Alten, die aushauchten, und wenn's schlimm kommt, dann sehe ich seinen Schatten über dem kraftstrotzenden Burschen, den der Stein droben oder das Holz erschlug. Er gehört zum Leben, es ist schon so!«

Der Trutz ging schweigend durch die Nacht den Weg hinauf, und hinter ihm raschelte das dürre Herbstlaub, das er mit seinen Schuhen durcheinanderwirbelte. Vielleicht geht »Er« jetzt auch neben mir, wie er den Großvater heraufbegleitet hat, dachte er ohne Furcht, denn der Tod gehörte zum Leben, das hatte auch Hochwürden gesagt.

Aber ein bisserl unruhig war er doch, der Trutz, und oben im Holzhaus, als er eingetreten war, drehte er den Eisenschlüssel zweimal um und legte den Balken in die Halterung.

Sein stiller Hektar

Nun war sie hinaufgeschlurft zum Berg, hatte die Füße mit den schweren Bergstiefeln kaum noch voreinander gebracht. »Sechs Kilometer«, hatte der Bauer mit der Sense am Dorfende gesagt, den steilen Schotterweg ihr aber verschwiegen. Ein paar Male sah sie das mit grauen Steinen beladene Dach der Alm hinter einer Bodenwelle auftauchen, aber im Weiterschreiten ebenso schnell wieder verschwinden, und die Entfernung zum Haus schien ihr immer länger und nicht kürzer zu werden.

Dann endlich, sie hatte sich der Jacke und der Weste entledigt, hörte sie die Glocken der Kühe, erkannte sie den rauchenden Kamin, die Ziegen und die Schafe vor der Tür.

Adina war ohne Illusionen heraufgestiegen, wusste, als Wulf Ruhmoser ihr die derbe Hand entgegenstreckte, dass der durch und durch Jäger war, der das grüne Handwerk vom Vater erlernt und in den Bergen 30 lange Jahre mit Passion ausgeübt hatte und dort in

Fels und Eis eigene gute und schlechte Erfahrungen seine Jägerseele geformt hatten.

Wulf Ruhmoser wusste über das Verhalten seines Birk- und Auerwildes mehr, als in den Büchern stand, nannte seine Gämsen beim Namen, sprach mit den Murmeltieren und erkannte am Flugverhalten der Steinadler, was sie im Schilde führten, ob Freude am schwerelosen Schweben in den Aufwinden oder Gier zum Jagen sie über die Zinnen trug.

Und nun kam eine Studierte herauf, von der Bezirksverwaltung beauftragt, die wehklagenden Jäger wegen der »Zustände« im Berg zu hören. Hätte der Alois Hinterlanger vom »Schwarzen Ochsen«, der Mitpächter ist, ihm nicht tagelang in den Ohren gelegen und von der vernünftigen Akademikerin gefaselt, die jährlich ein paar Tage bei ihm wohne, um die alten Häuser im Dorf zu malen, Hubertus sei's gestanden, er hätte diese schmächtige Frau mit den traurigen Augen nicht aufgenommen!

Als die aber die letzten Meter durch die grasenden Ziegen daherschritt, hatte die Leni ihm vom Fenster aus zugeflüstert, dass die eine Feine sei. Was die Leni sagte, war ihm Gebot, so hatte er gelacht und die Hand der Fremden entgegengestreckt und sie an den Tisch geführt, und die Leni hatte ihr strahlenden Auges eine Tasse kalte Milch gebracht und ein frisch gebackenes, duftendes Brot, in das Adina kräftig hineingebissen hatte, dass es eine Freude war, ihr zuzusehen.

Adina fühlte sich wieder wohl.

»Sie haben keine gute Meinung über uns ›Stubenhocker‹, der Wirt hat mich vorgewarnt«, sagte sie bedacht, um Wulf Ruhmoser nicht zu provozieren.

»Zwischen unserer Jagd und eurer ›Computerökologie‹ klafft eine gewaltige Lücke, ein Abgrund! Ich wollt' ja nur mit euch im Amt reden, weil's halt besser ist, als die Sach' heimlich in die Hand zu nehmen, wie es der Sepp Kalterer im Nachbarrevier machen will. Wart's halt ab, hab' ich ihm gesagt, ich versuch's noch mal, die Ethiker, die damischen, zur Vernunft zu bringen.«

Wulf Ruhmoser hatte die Tonpfeife angezündet und beobachtete durch den Qualmschleier aufmerksam sein Gegenüber, während die Leni abräumte und die Tischplatte säuberte.

»Das mit den ›Computerökologen‹ mag schon stimmen. Kaum einer der Studierten will sich mehr die Hände schmutzig machen. Die fragen den Computer, wie es um die Adler steht und um die Raufußhühner, und der spuckt obendrein die Wildbestände der letzten 50 Jahre aus. Ich kenne nur zwei oder drei, die tatsächlich lange im Berg waren und vom Leben und Wirken des Wildes etwas wissen.«

»Und eine davon sind Sie?«

»Ja, ich bin mit dem Neudorfer Hiesel in die Innsbrucker Berge eingestiegen, hab' mit ihm die Jungadler beringt und sie bei der Jagd beobachtet, lang genug, um mitreden zu können. Danach hab' ich die Jägerprüfung abgelegt.«

»Und?«

»Deshalb schickt mich die Verwaltung zu euch! Man glaubt, dass ich die Sach' realistisch seh', nicht so naturverblendet wie die meisten Schreibtischökologen.«

»Hört sich gut an«, brummte Wulf Ruhmoser.

»Damit wir uns richtig verstehen, ich will keinem Fremden was Böses, obwohl die mir im Winter das Gamswild und im Sommer die Hühner narrisch machen, von den Adlern ganz zu schweigen! Wenn das so weitergeht, dann hat der Franzl, wenn der die Jagd übernimmt, keine Raufüßigen mehr im Revier. Von der Schönheit eines Birkhuhnes oder dem wundersamen Farbenspiel des Schneehuhnes im Federwechsel redet keiner in den Stuben drunten, nur vom ›Goldadler‹ schwärmen die!«

Wulf Ruhmoser war in Kampfstimmung, säuberte zum zweiten Male den Pfeifenkopf, obwohl der lange schon leer war.

»Habt ihr schon einmal an eurem grünen Tisch einen gehört, der Ethik und Ästhetik mit den Raufußhühnern zusammenbrachte?«

Adina schüttelte den Kopf, versuchte, sich an Gespräche im Ministerium zu erinnern. »Nein«, sagte sie, »nein, es ist immer nur von den Adlern die Rede, die haben Priorität!«

»Das ist es«, donnerte Wulf Ruhmoser. »Das ist es, was uns verbittert, dieses einseitige ›immer an der Realität vorbei‹!«

Es folgte ein langes, bedrückendes Schweigen, in das hinein nur Lenis erfrischendes Liedchen aus der Küche zu ihnen drang und das Geklapper der Kannen und Eimer.

»Schauen Sie sich heut' auf der Alm um, können ja der Leni bei den Kühen helfen und morgen in der Früh' steigen wir ein. Stecken Ihre Füße in derbem Schuhwerk?«

Adina nickte und Leni stand schon mit zwei Eimern in der Tür.

Als sie hinausgingen, stürmte die Bracke, die auf der Eckbank geschlafen hatte, an ihnen vorüber und baute sich am Gartentor mit erhobener Nase auf.

»Schauen 'S, der Bartgeier«, rief die Leni aus und zeigte zum Felsblock über der Alm, den die späte Sonne gerade vergoldete. Ohne Schwingenschlag glitt der große Greif vom Tal herauf und ließ sich auf einer Felsnase nieder.

»Gell, da staunst du, dass ich den kenn'?«

»Ja, Leni, ich finde kaum Worte!«

»Der Vater will, dass wir Kinder die Natur kennen, von der wir leben. Der Geier räumt weg, was die Adler und der Fuchs liegen lassen im Berg!«

Adina freute sich über die natürliche Anmut des Mädels, labte sich an ihren leichten Bewegungen, an ihrer Frische, mit der sie nach oben in den Hang kletterte, um die Kühe hinunter in den Stall zu treiben.

Adina hatte schlecht geschlafen, aber daran war nicht der Strohsack in Grobleinen schuld, auf dem sie gelegen hatte, sondern die harten Worte des Jägers Wulf Ruhmoser, die ihr die ganze Nacht hindurch im Kopfe schwirrten.

Als sie nach einer deftigen Brotzeit um fünfe in den nebelverschleierten Berg einstiegen, schleppte sie in ihrem Erlebnishunger eine Portion Scham mit, denn dieser da, der älter war als sie und einen festen Tritt im Stein hatte, dass sie neidisch sein müsste, war ein Stück gelebte Natur, an das sie mit ihrem spärlichen Wissen um die Zusammenhänge da draußen nicht herankam. Mit dieser Erkenntnis bleibe ich die Fragende heute, dachte sie, was sich bereits nach einer schweißtreibenden Stunde als klug erwies.

Die schwarzen, breiten Federn mit den hellen Rundungen und dem weißen Schaftdrittel lagen verstreut auf einer Steinplatte, ein paar kleinere, weiche, auf gelblichem Grund braun gefleckte Federchen bewegte der flache Wind, der aus den Schluchten heraufkam. Wulf Ruhmoser sammelte sie auf und drückte sie als Sträußchen zwischen seine Finger.

»Das zweite in vier Tagen«, sagte er gefasst.

Adina erkannte sie als Schwanz- und Rückenfedern eines fast ausgereiften Schneehuhnes. Basis und Spule der Federn waren abgebissen, sodass Fuchs oder Marder als Täter infrage kamen.

Als habe er Adinas Gedanken erraten, sagte Wulf Ruhmoser, dass er die Füchse kurz halte.

»Oberhalb des Latschenkammes dulde ich die Füchse nicht, dort bin ich gnadenlos und konsequent«, sagte er. Sie setzten sich auf den Stein und Ruhmoser malte mit seinem Bergstock einen Halbkreis in die Luft.

»Dort unten stand mein Birkwild, ein gesunder Bestand, um den sie mich beneidet haben. Freie Balzplätze zwischen den Rosenkämen, lockerer Strauchbewuchs in den Lärchen bis hinunter zum Fichtenwald. Den aber knickten zwei Winterstürme, und die Hähne zogen höher bis über die Latschen.

Das war der Anfang vom Übel, denn wo der Hochwald dem Wind eine kranke Stelle anbietet, die Bäume kraftlos sind, was man ihnen ansieht, dort schlägt er Wunden in den Berg.

Es hat alle getroffen, den Kalterer Sepp drüben noch schlimmer als mich, denn der hat in der Rutererwand den 20-jährigen Adlerhorst. Der ist nicht in jedem Sommer besetzt, weil die Adler in ihrem großen Revier zwei oder drei Horste haben, aber in der veränderten Landschaft wurde ihr Druck auf die Raufußhühner größer. Die hocken auf dem Präsentierteller und Adler sind Überraschungsjäger. Kommt nun noch der Lift hinzu, ist's um das ökologische Gleichgewicht geschehen!"

»So sehe ich das auch«, sagte Adina. »Der Lift muss verhindert werden! Es wird schwer sein gegen die Einäugigen in den Amtsstuben anzugehen, vor allem gegen jene, die mit den Touristikmanagern am Stammtisch Freundschaften geschlossen haben.«

Über dem dunstigen Tal, zwischen Enzianpolstern und Feuerlilien und in der Morgensonne tanzenden Apollofaltern und Bläulingen und den wehmütigen Lockrufen des Steinrötels, grub sich tiefer die Erkenntnis in ihr Herz, dass eine vielfältige und bunte Bergwelt nur dann zu erhalten war, wenn man endlich den Wünschen der »Geldraffer« Grenzen setzte und damit der Naturzerstörung Einhalt gebot.

Drüben im Wetterstein schrumpften die Bestände von Hasel- und Auerwild innerhalb eines Jahrzehnts ohne Druck durch Adler oder Habicht, und dem Fuchs hatten sie nur das blanke Überleben erlaubt.

Zucht und Wiedereinbürgerung geisterten zwar durch die Ökologenschädel, aber nur einer, ein alter Jagerischer, der nur noch vom Lehnstuhl aus seine Berge grüßen konnte, hatte in den Fremden, die massenweise in den Bergwald einfallen und den Berg zu ihrem Sportplatz machen, das wahre Übel erkannt. Den Leuten im Berg aber hatte das leicht zu verdienende Geld den Geist vernebelt. Die lachten nur höhnisch über den senilen Greis, den »Ewiggestrigen« und seine Mahnungen.

»Da, schau her'!«, rief Wulf Ruhmoser aus und zeigte zum gegenüberliegenden Hangwald. Drei Burschen stürzten johlend mit ihren Rädern in halsbrecherischer Fahrt über die Bergwiesen zu Tal, Erdbrocken und kleine Steinlawinen mitreißend.

»Heut' haben wir Flugwetter, dann hängt mittags der Himmel voller bunter Schirme«, sagte Wulf Ruhmoser resigniert. Vom Tale herauf dröhnte der Motorenlärm heranfliegender Militärhubschrauber, in den Schluchten rumorte der Lärm.

»Übungsflüge! Die Adler kümmert's seltsamerweise wenig, die kreisen sogar in der Thermik über den Gleitschirmen, aber die Gamserl und die ›Raufüßigen‹ macht's verrückt. Wenn es laut wird im Berg, dann ist das Wild ruhelos auf den Läufen, es wird krank und anfällig und für Adler und Fuchs dann eine leichte Beute.«

Adina wollte etwas Tröstliches sagen, fand aber keine passenden Worte. Wäre auch sinnlos gewesen, denn jetzt erkannte sie den bunten Menschenwurm, der sich langsam von der Alm herüber auf sie zu bewegte; Rucksackwanderer aller Altersklassen, mit Abstand dahinter eine Bergsteigergruppe mit allem Zubehör fürs Extreme.

Nach einer Schweigeminute, in der die Falter und der Steinrötel sie im flimmernden Sonnenlicht grüßten, stiegen sie in die schattige Nordflanke des lockeren Hangwaldes ein, wo sie auf äsende Gämsen stießen. Weiter hangwärts erfasste Wulf Ruhmoser mit dem Glas zwei Schneehühner, die an den Ähren des Lieschgrases pickten.

Dahinter, gipfelwärts, wo die Sonne gerade die zartrosa Blüten der Alpenastern öffnete, wachte auf einem Felsbrocken der Hahn mit hochgerecktem Hals, unbeweglich wie eine in den grauen Stein gehauene Skulptur.

Welch ein Anblick! Adina dachte, dass der sich als alpenländisches Wappentier gut darstellen ließe. Eine kleine Majestät.

»Mein ›stiller Hektar‹«, schmunzelte Wulf Ruhmoser. »Alles, was mir noch lieb ist im Berg, vereint sich hier, hat sich in diesen Winkel zurückgezogen!«

Über dem leuchtenden Asternfeld schwenkte ein Steinadler ein, schwebte ohne Schwingenschlag heran und fußte auf dem grauen Stein, den der Hahn soeben verlassen hatte. Goldschimmernd sein Kopfgefieder bis zum Kragen, gewaltig der Schädel mit dem starken Haken, kraftvoll lässig die Bewegung. Seine Erscheinung machte ihn zum König!

Während Adina aber den Augenblick genoss, ahnte sie, dass der Jäger neben ihr, der diesen Bergwinkel den »stillen Hektar« nannte, mit seinen Schneehühnern, den Gämsen und den Murmeltieren litt, als Jäger eben, nicht als Ökologe.

»Ästhetisch ist das Ganze, Herr Ruhmoser, und überleben kann eines alleine nicht«, sagte Adina in ihrer Ergriffenheit. Aber es waren leere Worte, die dahinfallen wie totes Herbstlaub von den Bäumen.

Der Jäger Ruhmoser hörte sie auch nicht, denn er war in Gedanken bei seinen Schneehühnern, die dem Adler rechtzeitig entkommen waren. Die Lieschgrasfluren standen hoch in der Blüte und Ahorn und Bergholunder lagen mit ihren Zweigen wie grobmaschige Netze auf dem Steilhang. Hier waren die Adler chancenlos.

Ein gesunder Zirbelwald, den im Inneren Lärchen, Ulmen und Ahorn stützten, stellte sich schützend vor den »stillen Hektar«, rettete als in sich geschlossenes Bollwerk Ruhmosers »Raufüßige« vor den Winterstürmen.

Sie stiegen an den einsamen Arvenwächtern, toten Baumriesen von gespensterhafter Gestalt, zu Tal, hörten die Adler schreien hoch im seidenweichen Blau des Himmels und im Hangwald weiter unten das Stimmengewirr den Berg verlassender Wanderer.

Sie nahmen den Pfad schweigend und Adina dachte traurigen Gemüts, dass der Berg im nächsten Jahr, wenn sie wiederkommen würde, um die alten Häuser im Dorf zu malen, um ein Stückchen ärmer wäre; die Naturhungrigen würden dann Ruhmosers »stillen Hektar« für sich entdeckt und Trampelpfade hindurchgetreten haben.

Sie würden Jahr für Jahr wiederkommen, die zartrosa Astern auf ihre Filme bannen und sie würden, jeder auf seine brutale Weise, ihren Rucksackmüll zwischen die Steinbrocken schieben oder ihn dort liegen lassen, wo sie jetzt ruhten. Die Militärhubschrauber würden täglich die Wälder zum Erzittern bringen und die bunten Schirme der »neuen Generation« würden das Ästhetische der wunderbaren Natur in ein neues, scheußliches Profil zwängen.

Ruhmosers Furcht vor dem Sessellift auf den Berg, damit die Gleiter und die Radler und im Winter die Skigeilen schneller hinaufgelangten, vermochte Adina nachzuvollziehen. Vielleicht hatte der greise Jäger im Lehnstuhl recht!

»Es könnte doch sein, dass die Kinder in der Schule, die fröhlich im Internet kurven, eines Tages das Wörtlein ›Natur‹ nicht mehr interpretieren können«, hatte der Alte gesagt.

Drunten auf der Alm, wo die Leni sie am großen Holztisch mit Buttermilch und Selbstgebackenem erwartete, brach Wulf Ruhmoser sein Schweigen.

»Ich möchte, dass die in den Amtsstuben endlich begreifen, dass es um mehr geht als um die Goldadler und um die Trophäe des Jägers! Aber ohne die Jäger geht nichts im Berg.«

»So sehe ich das auch«, erwiderte Adina. »Man darf keinen Sessellift dort hineinbauen, niemals! Gleiter und Radler werden sich dort nicht gänzlich verbannen lassen, aber die Wanderroute muss über die alten Fuhrwege der Holzknechte führen, weg von den Biotopen der Raufußhühner, ich werde mich dafür stark machen!«

Wulf Ruhmoser drückte ihr die Hand.

»Wäre die Rettung für den ›stillen Hektar‹, aber gegen die Raffgier der Leut' im Tal wirst 's schwer haben!«

Mit blanker Waffe

»Die Städtische!«, rief Vinzent Kolmer und schlug die Tür so heftig zu, dass die Mufflonschnecken darüber gefährlich wackelten.

Vinzent war bleich im Gesicht, wechselte rasch auf Schamrot und sprang zum Tisch, um das Durcheinander der Teller und die Speisereste zu entfernen, so das in der Eile möglich war. Der Willi Blume, der die plötzliche Aufregung nicht einzuordnen wusste, denn alles geschah so urplötzlich, stand immer noch auf des Tisches Mitte und hielt die Bratpfanne in der rechten Hand. Die anderen sahen entgeistert zur Tür, die sich langsam, Zentimeter um Zentimeter, öffnete und schließlich ein hübsches, rotwangiges Antlitz freigab, das von langen, braunen Haarsträhnen umwallt war, die unter einer dicken Pelzmütze hervorquollen.

Diese Augen, heiliger Hubertus, diese fröhlichen Augen können kein Tier totschießen, dachte der Zoltan Anger, der junge Förster, als die Frau mit sanfter Stimme bat, eintreten zu dürfen. Noch nicht einmal diese vornehme Zurückhaltung passt in diese dumpfe Hütte, dachte er, dem ansonsten Empfindlichkeiten nicht so schnell in den Sinn kamen; der Zoltan war ein rauer Geselle und der Erste, der sich vehement gegen die Jagdverpachtung an die Wiener Internistin gewehrt hatte.

»Wenn die Weißkittel in den grünen Rock schlüpfen, dann geht's mit der Jagd bergab«, hatte er in der Gemeinderatssitzung gepoltert und die Versammlung damit in eine missliche Lage gebracht.

»Die Wiener Doktorsche soll weiterhin in die Leiber der Leut' herumschneiden, als in unseren Wald den Duft der großen, weiten Welt zu tragen, das verträgt das Wild nicht.«

Die anwesenden, wackeren Waidmänner hatten sich solidarisch hinter ihn gestellt, der Rat von Allersen aber entschied sich für das große Geld, denn die Kasse war leer und der vom Bürgermeister vor der Wahl versprochene Kindergarten drohte seit acht Monaten im brüchigen Fundament zur Bauruine zu verkommen.

Nun stand sie da, groß, auffallend hübsch, adlig in ihren Bewegungen und betörend in der Stimme.

»Cordula Delgen«, sagte sie mit leiser Stimme, die die hartgesottenen Waidmänner augenblicklich zu Steinsäulen verwandelte.

»Scheuen Sie sich bitte nicht, Ihr fröhliches Treiben fortzusetzen! Ich glaube nicht, dass eine ›Doktorsche‹ Sie in Ihren Grundfesten erschüttern kann«, sagte sie in Anspielung auf des Zoltans Auftrumpfen bei der Ratssitzung. Sie lachte, dass ihre herrlich weißen Zähne aufblitzten dabei.

In die »Steinskulpturen« kam Bewegung. Es zuckte in ihren Gesichtern, ihre Hände suchten Halt am Stuhl, an der Tabakpfeife, der Zigarettenschachtel. Willi Blume hielt die Bratpfanne noch immer verkrampft mit beiden Händen umschlossen, stieg endlich aber vom Tisch, und Cordula drückte jedem von ihnen die Hand mit festem, männlichem Druck, das hatten sie nicht erwartet.

»Wer von Ihnen erhielt soeben die Clubtaufe?«, fragte sie.

Nun waren sie endgültig geschlagen! Sie kannte die Prozedur und die da hineingehörenden Sprüche, wusste, wann starke Männer zu kleinen Buben werden. Das hatten sie in der vornehmen Dame nicht vermutet, denn sie ahnten nicht, dass es bei den internen Ärztetreffen viel schonungsloser zugeht als im kleinen, grünen Gral, wenn Bier und Schnaps die Zungen lösen und den Verstand vernebeln.

Der Rundliche neben dem Gaskocher erhob sich.

»Ich bin der Neue im Club«, schnalzte er und drückte seine Brust heraus. »Die Rammlerhoden in der Pfanne sind echt, da wird meine Emma staunen, was ich für ein lebhaftes Kerlchen bin«, quasselte er weiter, obwohl ihm der Vinzent Kolmer mit ernster Miene zu verstehen gab, den Mund zu halten.

»Und das Fruchtwasser der Häsin?«, fragte sie verschmitzt.

»Ein 1988er Mörbischer Trocken«, antwortete der Rundliche brav, »ein guter Jahrgang!«

Die Dame lächelte, sie lächelte immer und ihr Lächeln hatte diesen einzigartigen, sinnlichen Glanz.

Zoltan Anger, der sich wegen seiner vielen Weibergeschichten einbildete, das Wesen einer Frau besonders gut zu kennen, dachte, dass sie heuchelte und tatsächlich eine raffinierte Lebedame war, die sich bald schon von den Jägerlein auf dem Lande bedienen ließ, weil die doch nichts weiter waren als dumme Bauern. Der Zoltan traute ihr nicht und er war froh, als Cordula Delgen die Hütte wieder verließ und sie endlich wieder die frechen Gassenhauer aus feuchten Kehlen grölen konnten.

»Könnt ihr euch vorstellen, dass die feine Schnepfe einen Fuchs abbalgt oder ein Gehörn abschärft?«

»Das muss ihr Mann machen, wenn sie einen hat«, johlte der Rundliche. Nun waren sie wieder ganze Kerle! Und wieder stieg der Will Blume auf den Tisch mit der Pfanne in der Hand, in der die wieder aufgewärmten Fleischklößchen lagen, und noch einmal hielt er seine Predigt von der »gestärkten Männlichkeit des Jägers« nach dem Verzehr der Rammlerhoden.

Dann, es war Mitternacht vorbei, lästerten sie wieder über die »Städtische«, die ihnen endlich einen ergiebigen Gesprächsstoff für die nächsten Monate lieferte. Aber die teuflische Mischung aus Schnaps und Wein mit einem Schuss Starkbier erklärte ihnen den »Krieg«, plötzlich und mit voller Wucht ging jeder gegen jeden an.

»Du wirst ihr die Flinten laden und wirst froh sein, wenn sie Danke sagt«, stänkerte der Vinzent den Zoltan an und der stürzte mit geballten Fäusten heran.

»Und du wirst froh sein, wenn du ihr mal eine Sau vor die Büchse treiben darfst, und aufbrechen musst du die Sau dann auch, weil die sich nicht die feinen Finger schmutzig macht.«

Der Zoltan schrie das so erregt heraus, dass der Vinzent die Speicheltröpfchen auf die Augen bekam.

»Die ist doch nur hier heraufgekommen, weil du ihr im Rathaus schöne Augen gemacht hast, als sie nach der Hütte fragte«, warf der Rundliche gegen den Zoltan und der hagere Clodewic Meier, der den ganzen Abend schweigend in der dunklen Ecke gesessen hatte, mit offenem Mund die makabre Szene beobachtend, stand mit einem Male zwischen den Streitenden.

»Schluss jetzt! Die ist's nicht Wert, dass ihr euch die Schädel einschlagt. Wir müssen sie sabotieren, so lange, bis sie die Jagd wieder aufgibt«, sagte der Clodewic mit ruhiger Stimme und schubste jeden auf seinen Stuhl.

»Ich weiß, auf was ich mich da eingelassen habe, Herr Bürgermeister«, sprach tags darauf Cordula Delgen zum ersten Mann der Gemeinde. »Es wird schwer sein, die einheimischen Jäger zu gewinnen. Ich habe ihnen die Spielwiese weggenommen. Die haben mir den Krieg erklärt – und ich nehme an."

Sie sprach ruhig und versicherte, dass sie keine Asphaltstraße zur Jagdhütte bauen lassen würde, wie das Gerüchte unterstellten.

»Es gibt keinen Asphaltweg zur Hütte und auch keine Erweiterung der Wildruhezonen! Wenn ich Geld übrig habe, bekommt das der Kindergarten, so habe ich das versprochen.«

Das war überzeugend. Sie wusste, dass sie Zeit brauchte, viel Zeit und Geduld, um die Waidgenossen von ihrer Loyalität zu überzeugen. Die Sekretärin des Bürgermeisters war um Schlichtung bemüht.

»Die Jäger sind aufgebracht, weil sie befürchten, dass wir Zustände wie im Nachbarrevier bekommen. Dort ist ein Großstädter der Pächter und der schleppt sonntags seinen ganzen Clan mit zum Jagdhaus. Die Waldwege stehen dann voller Autos, und die Söhne bringen eine Band mit und die macht Tag und Nacht eine schräge Musik, und so laut, dass wir sie beim Kirchgang im Dorf hören, und die Kirche liegt zwei Kilometer vom Dort entfernt.«

»Die Jagd soll mir Erholung sein, Ablenkung von der Praxis, die mich täglich sehr fordert. Jagd ist für mich der stille Ansitz oder die Pirsch alleine, vielleicht mit meiner Weimaraner-Hündin, der ›Fee‹«, erwiderte Cordula Delgen ohne Grimm, lächelte wie immer, und die Sekretärin sagte wenig später zu ihrem Chef, dass die Frau Delgen eine Dame mit Herzensbildung sei, die eine so rüde Behandlung durch den Jägertisch im »Schwanen« nicht verdient habe, worauf der Bürgermeister den Förster Zoltan Anger ins Amt bestellte.

Es war Winter geworden. Der Wald ächzte unter einer dicken Schneelast und im Felde lag das weiße Fährtenbuch aufgeschlagen und lud die Neugierigen zum Lesen ein; ein feiner Schnee, etwas feucht, sodass die Schalen der Rehe und des Rotwildes exakt, wie von Künstlerhand in Gips stilisiert, darin standen. Tagsüber schien der Wald mysteriös leblos. Nur im »Hollerschlag«, dem in das Feld hineinreichenden Lärchenholz, quälte sich die Säge der Waldarbeiter durchs eisige Geäst.

Zoltan Anger sah, dass der Haumeister sich angeregt mit der »Städtischen« unterhielt, die, in einen pelzbesetzten Parka gekleidet, frische Fährten ausging.

»Was wollte die von dir«, fragte er wenig später missgestimmt, vielleicht eifersüchtig.

»Sie hat mir die Spuren im Schnee erklärt, wie ich es noch nie zuvor gehört habe!«

»Hätte ich dir auch zeigen können«, murrte der Anger, aber der Heiner sah ihm mit einem Anflug von Verachtung ins Gesicht.

»Wenn ich Sie gefragt habe, was diese oder jene für eine Fährte ist, haben Sie mir geantwortet, ich solle mich gefälligst um meine Arbeit kümmern, dafür würde ich bezahlt«, parierte er schlagfertig, und der Zoltan Anger zog es vor, sich eiligen Schrittes davonzumachen.

»Sie will mir noch andere Fährten erklären«, rief der Heiner ihm nach, aber Anger war bereits im Wald verschwunden.

Als das Mittagsfeuer loderte und Heiner Ahlsen seinen Blechnapf mit der Suppe darüber aufgehängt hatte, lief er ein Stückchen zu Felde und ging, behutsam in den Schnee tretend, die Spur des Fuchses aus. Die war »geschnürt«, so hatte das die Jägerin gesagt. Er könne das auch »Traben« nennen, und wenn der Fuchs eine Maus anschleiche, dann träte er dicht und schöbe die Spur eng zusammen. Sei er mäßig flüchtig, so stünden die Tritte schräg versetzt, erinnerte Heiner sich der Worte der feinen Frau. Er lief zum Feuer zurück, glücklich in seinem neuen Wissen, und aß mit großem Appetit seine Bohnensuppe.

Des Zoltan Angers Stimmung verfinsterte sich von Tag zu Tag mehr. Wohin er sich auch begab im Allersenwald, die Spuren der »Städtischen« und ihres Hundes standen im Schnee; gleichmäßig im Bild jene der Frau und mit bravem Abstand und sauber im Tritt die ihres Hundes. Untadelig, das regte ihn auf. Wie macht sie das, wann kommt sie von Wien heraus, wie bringt sie das in Einklang mit ihrer Praxis? Er ärgerte sich, weil er in Gedanken nicht von ihr loskam.

Die Futterraufen für das Rehwild waren beschickt, korrekt, nicht überfüllt, und sogar das Vogelhäuschen neben der Jagdhütte war gesäubert und mit frischen Sonnenblumenkernen bestreut. War sie etwa nachts unterwegs?

Und doch, ganz allmählich wuchs wie eine zarte Pflanze neben seinem Zorn eine heimliche Bewunderung in ihm, die er rasch zu unterdrücken versuchte, wenn sie allzu heftig an seinem Ego rüttelte.

Am Stammtisch im »Schwanen« waren die gehässigen Töne leiser geworden. Zoltan Anger fiel auf, dass die anderen sich wieder häufiger im gewöhnlichen Dorfklatsch ergingen. Plötzlich war wieder wichtig, wer im Dorf wen mit wem betrog, und wer den Rösslebauer vor den Kadi brachte, weil der jährlich ein Stück mehr vom Gemeindeweg wegpflügte, um seine Scholle zu vergrößern?

Als der Zoltan eines Morgens beim Holzauszeichnen im Hangwald auf den Vinzent Kolmer stieß, der sich mit einem riesigen Heubund und einem Sack Pressfutter abmühte, und der ihm erzählte, dass er für Frau Delgen die Rehschütten »übernommen« habe, da verzog der Zoltan nicht mal mehr das Gesicht und schwieg.

»Sie zahlt gut«, rief der Vinzent ihm nach, aber der Zoltan machte eine abweisende Handbewegung und schlug wie ein Besessener auf die Bäume ein, dass sie ihren Schnee abwarfen.

Cordula Delgen hatte in erstaunlich kurzer Zeit den Rehwildbestand auf ein forstlich erträgliches Verhältnis von 1:1 gebracht und innerhalb von drei Monaten 17 Füchse erlegt, was aber nur durch den Vinzent Kolmar im Dorf bekannt wurde.

Als sie auf dem Friedhof mit ihren Frettchen »Eri« und »Ilo« die Kaninchen jagte, weil diese im Sandboden die Gräber reihenweise schändeten, erschienen Clodewic Meier, dessen elterliches Grab von den Karnickeln verwüstet worden war, und zwei Jäger aus dem Nachbardorf, die die sieben in den Netzen gefangenen »Flitzer« mitnahmen; der Clodewic mochte die nicht mit Appetit essen.

Immer neue Gesten der Dankbarkeit ersann jetzt der Rat. Man wollte sich reinwaschen vom Verdacht, nur die Hände aufzuhalten und auf großzügige Spenden zu hoffen. Der Kämmerer machte den Vorschlag, Frau Delgen beim Schützenfest als Schützenkönigin zu küren, auch dann, wenn sie den Holzadler nicht vom Masten schießen sollte, denn alle trauten das nur dem Zoltan Anger zu. Man könnte ja nachhelfen! Der Vinzent Kolmer hatte ihr das im Walde zugetragen, und sie hatte den Bürgermeister wissen lassen, dass sie an den Tagen des Festes zu einem Kongress fahre. Das war gelogen, aber den Holzadler dem Zoltan Anger vor der Nase wegzuschießen, hieße, die Konfrontation zu verschärfen, denn sie galt im Wiener Schützenverein als die Beste. Von so einem »Krellschuss« würde der Zoltan Anger sich nicht erholen!

Innerhalb eines Jahres war der Heiner Ahlsen unter ihrer Führung der beste Fährtengeher im Dorf geworden und Cordula Delgen stolz auf sein Können. Ihr Bemühen war nicht ganz selbstlos, wie der Heiner das ihrem betörenden Lächeln entnahm. Da er jeden Waldwinkel kannte und täglich im Holz war, konnte sie sich auf seine Beobachtungen verlassen.

Nun, nachdem sich die Allersenser Jäger mit der »Städtischen« abgefunden hatten und einige von ihnen die Begegnung mit ihr sogar als glücklichen Moment in ihrem tristen Dorfleben empfanden, standen in den Nachbarrevieren die Neider auf. Heimtückisch zunächst, wie das Neidern eigen ist, aber von Monat zu Monat dreister und lauter.

Die Ersten, die dort über die »Städtische« lästerten, waren jene vom »alten Schlage«, die ihr Jägerleben lang nur Gehörne züchteten und einen rüpelhaften Konkurrenzkampf über die Reviergrenzen hinweg wegen der Gehörnmasse führten. Was nicht medaillenverdächtig war, nannten sie »Bockschrott«. Die meisten von ihnen waren in der glücklichen Lage, Wildschäden jeder Höhe bezahlen zu können, und ihr Verhältnis zu den Förstern war so gut, dass in den Ämtern von Verbissschäden grundsätzlich nicht gesprochen wurde und die jagdpassionierten Förster alle Jahre wieder zu ihren »Abschussböcken« kamen.

»Die Wienerin versteht nichts von der Jagd«, sagten sie in der Vereinigung. »Ihre Jagd mit den Frettchen ist nur dumme Spielerei und das Geschlechterverhältnis bei Rehwild hält sie nicht länger als zwei Jahre durch!«

Es war offensichtlich, dass den Alten vom »Grünen Gral« die Ordnung im Allersener Revier nicht gefiel. Ihre Schlechtigkeit gipfelte schließlich in der Tatsache, dass sie bei unumgänglichen Begegnungen mit Frau Delgen in scheinheiliger Höflichkeit auftraten, mit ungeschickten Verbeugungen und geschwollenen Sprüchen und stets im festen Glauben, dass sie ihre Heuchelei nicht durchschaute.

»Wie ich vernehme, sind Sie eine Meisterin mit dem Frettchen, schade, dass nur wenige Jäger dieses schöne Waidwerken beherrschen!« Der Jägermeister überschlug sich in Lobhudeleien. »Ihr Revier ist ein Muster behutsamer Hegearbeit, man hört nur Gutes aus dieser Ecke!«

Cordula lächelte ihr betörendes Lächeln, ließ sich aber zu keiner Zeit auf Diskussionen ein, ihr Lächeln war Antwort genug!

Der Herbst kam in diesem Jahr stürmisch über das Land und beendete die stille Zeit im Revier über Nacht. Es hatte sich im Sommer nichts Außergewöhnliches ereignet. Das war ein schöner Sommer voller Blütenduft in regenlosen Wochen gewesen und doch hatte der Boden so viel Feuchtigkeit gespeichert, dass die Frucht auf den Feldern gut im Halme stand. Nur die Sauen hatten Cordula einigen Kummer bereitet. Als Wechselwild hatten sie sich in den Talfeldern festgesetzt und die Haferäcker in Sturzländereien verwandelt. Sie bat die Bauern um eine rasche Schadensmeldung und bezahlte ebenso rasch und über dem Tarif.

Im ersten Schnee, der schon Ende Oktober fiel, ging sie mit Heiner Ahlsen die Dachsspur aus, die von den »Hünenhügeln« herüberkam, das Feld querte und in den Lärchenstangen am Hang verschwand.

Die »Hünenhügel« waren einmal ein großes vermutlich in der Keltenzeit angelegtes Pferdegrab gewesen. Seit Jahrzehnten hausten dort Dachs und Fuchs in enger Nachbarschaft, und unweit einer befahrenen Röhre fand Cordula die feste, von Pflanzenresten durchwirkte Losung des Dachses zwischen zwei Trampelpfaden, die typisch waren für Grimbart.

»Von einem befahrenen Bau aus führen nicht selten mehrere Pfade in das Feld hinein«, sagte sie dem Heiner, der ihren Worten mit Bewunderung lauschte.

»Hier finden wir auch seine ›Aborte‹, flache, ausgekratzte Mulden. An den äußeren Zehen hat er etwa zwei Zentimeter lange Krallen, die auch im Trittsiegel zu erkennen sind – gehen wir ihm mal nach!«

Langsam folgten sie der Dachsspur über den Schollenacker, machten einen Hasen aus seiner Sasse hoch und pirschten kreuz und quer durch lichtes Holz, bis sich die Dachsspur verlor.

Der Heiner Ahlsen war ein einfacher Mann mit Schwielenhänden und einem vom rauen Wetter gegerbten, braunen Gesicht, geistig wach und voller Bewunderung für Cordula Delgen, deren feingliedrige Hände ihm besonders gefielen und denen er grobe Arbeiten am Wild und im Holz nicht zutraute. Es waren gepflegte Hände, die für die Ärztin sprachen. Einmal schämte er sich, so ganz heimlich für sich. Das war, als er sich vorstellte, diese zarten Hände streichelten seine Wangen.

An einem Tag im November lud das Forstamt zu einer großen Drückjagd, die dem Wunsche des Forstmeisters entsprechend alle privaten Reviere mit einschloss.

Es war ein stürmischer Tag, der nichts von der mysteriösen Feierlichkeit eines großen Jagdtages in sich trug. In der Frühe fielen dicke, nasse Schneeflocken, die auf dem Boden und in den Bäumen sofort tauten und Gras und Strauch durchweichten.

Das war der Tag, den Zoltan Anger bis zu seinem Lebensende nicht vergessen würde! Er, der nur die lärmende Hetzjagd liebte, bei der sich die Treiber fast die Lunge aus dem Leibe brüllten, das heiße Geläut der Hunde den Wald erfüllte und es den Jägern am Rande des Holzes schwerfiel, ruhig zu bleiben, weil der Frust des ganzen Jahres herauswollte und das, wenn's sein musste, mit drei, vier oder fünf Schüssen hintereinander, er, der Förster Anger, hatte abends zuvor im »Schwanen« wieder einmal alle Register menschlicher Niedrigkeit gezogen und die »Städtische« miesgemacht. Er hatte sie »ausgezogen« mit seinen widerlichen Zoten, Stück für Stück! Wieder einmal quoll die Verbitterung darüber aus ihm heraus, dass sie und nicht der alte Justus Klinger, der Pferdehändler aus Dorstetten, die Jagd bekommen hatte; der hatte die Jagd 20 Jahre lang gepachtet gehabt und Zoltan Anger in der Hütte des Alten die stürmischsten Nächte erlebt. Vorbei, aus, nie mehr.

Wie immer hatte der Stammtisch gebebt, als der Zoltan losleg-te, und die Rotgesichtigen, die der Alkohol aufgeheizt hatte, hatten Beifall geklatscht. Das Dorf gehörte ihnen, der Wald gehörte ihnen, doch das Geld, um beides am Leben zu erhalten, das nahmen sie gerne von der Fremden!

Zoltan Anger war nicht ausgeschlafen. Schwarze, breite Ringe umschlossen seine Augen und die Hände, die ein bisschen zitterten, den Repetierer. Er fror unter der vom Sturm zersplitterten Fichte, wo Cordula ihn postiert hatte, mit höflichen Gesten und lächelnd, denn sie lächelte immer.

Sie war noch keine zehn Schritte von ihm entfernt und die Jagd noch nicht angeblasen, als ein starkes Wild durch die Dickung gegenüber brach. Sie sah, dass der Zoltan Anger den Repetierer hochriss und ein hauendes Schwein befeuerte, das versuchte, den Weg zu überfallen. Die Sau wendete im ersten Schuss und preschte in die Dickung zurück. Sie hörte das Holz splittern und das Brechen dürrer Wurfäste, dann war es still. Nur ein Eichelhäher rätschte in der Nähe.

»Angeschweißt?«, fragte sie ruhig, obwohl sie wütend war.

Zoltan Anger schien ratlos, er nickte, kapitulierte.

»Hat es gezeichnet?«

»Ich glaube ja, es ist links eingeknickt!«

»Dann suchen wir später mit den Hunden, ist sicherer.«

»Ja, mit den Hunden, das ist gut!«

Er rang mit sich, wankte zwischen Wut und Scham. Er, der »Superschütze« ein Patzer? Und das vor ihren Augen! Er wäre am liebsten im Boden versunken und völlig durcheinander war er, denn die »Klaren« vom Abend vollführten immer noch einen Teufelstanz durch seine Gehirnzellen.

Es krachte noch mehrere Male im Drücken und in der Nähe schlugen die Hunde an. Zoltan war erleichtert, als das Signal »Hahn in Ruh'« aus dem Hochwald herüberschallte und bald darauf die Treiber mit den Hunden auftauchten.

Sie kamen heran, Vinzent Kolmer, Heiner Ahlsen und ein paar Männer noch vom Dorf. Cordula Delgen fand hellrote Schweißtröpfchen auf dem verwaschenen Schnee.

»Kammerschuss«, sagte Zoltan Anger, der allmählich wieder zu sich kam. »Wenn ihr mir seitlich Schutz gebt, gehe ich das Stück an mit meinem Terrier, es ist noch hell genug!«

Cordula war nicht wohl bei dem Gedanken, das waidwunde Stück in diesem Gewirr übereinanderliegender Bäume anzugehen, die Zweige versperrten die Sicht erheblich.

»Ist zu gefährlich!«

»Es ist aber über eine Stunde Zeit vergangen, eine gute Zeit, den Bassen im Wundbett zu stellen«, versuchte Zoltan Anger die aufkommenden Zweifel zu dämpfen.

»Ein sicherer Schuss ist darin kaum möglich«, sagte sie. »Wir warten auf die Griffons von Willi Blume, die haben Sauerfahrung.«

Sie trug die Verantwortung für ihre Jäger, aber der Zoltan Anger schnallte den Terrier, gab ihm die Leine.

»Ich gab ihm die Kugel, ich muss das zu Ende führen«, sagte er trotzig und im Zorn errötend.

»Das verstehe ich, aber warten Sie bitte, bis wir das Holz umstellt haben und gehen Sie langsam vor.«

Immer diese verdammte Höflichkeit, dachte er, immer dieses verdammte Lächeln!

Cordula aber machte der Zoltan Sorgen.

»Ich bleibe hinter Ihnen«, rief sie. Aber Zoltan hörte das nicht mehr, drängte hinter dem Hund in das nasse Holz.

Ein Lungenschuss mit nur wenig Schweiß am Anschuss, das Stück wird weit geflüchtet sein, dachte sie. Sie ahnte, wie brutal die Lästermäuler in der Vereinigung und in den Nachbarrevieren über sie herfallen würden, wenn sie um Hilfe bitten müsste.

Des Tages Helligkeit geisterte nur schwach noch durch die Dickung, sodass sie den Zoltan kaum erkennen konnte, seine Bewegungen aber nahm sie wahr. Als der Terrier plötzlich laut giftete, ging alles unerwartet schnell. Der angeschweißte Keiler fuhr unter einer kleinen Fichte hervor und schlug den Hund, der aufheulend gegen den Zoltan flog, und dem blieb keine Zeit, auf das verrückte Tier anzulegen.

Er strauchelte und fiel um – keine Chance für Cordula Delgen, den Fangschuss anzubringen. Sie zog das Waidblatt und stieß es zwischen die Rippen des Keilers mit solcher Wucht, dass die Klinge tief in das Leben des Bassen drang. Der sackte nach vorne und in die unheimliche Stille hinein, die augenblicklich folgte, drang das Gekreische der Eichelhäher. Den Terrier hatte der Keiler böse am Widerrist erwischt und dort die Knochen zertrümmert.

Zoltan Anger, selber am linken Arm schlimm mitgenommen, trug den wimmernden Hund auf den Weg hinaus, wo inzwischen die Förster eingetroffen waren, sie hatten den Lärm vernommen.

Betroffenheit zeichnete alle Gesichter, Schrecken, aber auch Bewunderung für Cordula Delgen, die ruhig, als sei nichts Außergewöhnliches geschehen, mit einem Grasbüschel das Waidblatt säuberte. Sie war blass um die Nase herum und die Haare hingen etwas zerzaust im Gesicht, aber das feine, betörende Lächeln war Triumph.

Als einer der Jäger ihr mit unbeholfener Geste den Fichtenbruch reichte, schüttelte sie den Kopf.

»Danke nein, es ist Herrn Zoltans Keiler«, sagte sie mit leiser Stimme, in der Erregung mitschwang.

Sie bargen den Keiler und legten schweigend Strecke unter den alten, hohen Buchen und sie legten Terrier »Pilz«, der auf dem Waldweg verendet war, daneben auf einen Fichtenast.

Die Allenser Jäger bliesen »Sau tot« und nach kurzer Andacht am Wild das »Halali«, das an diesem Tag wahrhaft schauerlich durch die Wälder schallte.

Es begann sachte zu schneien mit dicken, weichen Flocken und in wenigen Minuten hatte der Winter sein glitzernd weißes Tuch im Walde ausgebreitet.

Ein Leichentuch, dachte Cordula die Jägerin, die ihre Gefühle stets unter Kontrolle hatte. Sie wusste, dass die Nachsuche in dieser Form ein verhängnisvoller Fehler war, sprach es aber nicht aus; die anderen wussten das auch. Mit festem Händedruck verabschiedete sie die Jäger und die Treiber.

Zoltan Anger war der Letzte, zu dem sie hinüberging.

»Ich stehe in Ihrer Schuld«, sagte der mit bebender Stimme. »Ein toter Mann wäre ich, wenn …«

Sie unterbrach ihn, lächelte.

»War für uns beide eine Lehre, eine bittere«, sagte sie.

»Ich war ein Tor, verzeihen Sie mir«, erwiderte Zoltan müde und nahm seinen toten »Pilz« auf.

Cordula Delgen holte aus der Jagdhütte ihre Weimaraner-Hündin und pirschte, nachdem das Wild abtransportiert war, bis in die Mitte der Nacht hinein kreuz und quer durch ihr Revier. Sie versuchte, mit sich ins Reine zu kommen – es gelang ihr nicht, aber sie wusste, dass die hässliche Treibjagd gegen die »Städtische« nun endlich ein Ende haben würde.

Jagd braucht Zeit

Hare Indian River, Kanada. Abends noch hatte Erpo Larsen überlegt, wie er der Freundin die sonnigen Tage in der Wildnis zum bleibenden Erlebnis gestalten könne.

Uta Sanders Besuch im Jagdhaus war auf drei Tage bemessen und in dieser Zeit wollte sie hinter dem Elchhund ihren Schaufler zur Strecke bringen. Es war ihre dritte Jagdreise, auf den beiden vorangegangenen war sie erfolglos geblieben.

Wir könnten den alten Indianerpfad ausgehen oder über die Strauchheide am River entlangpirschen, dachte er, wohl wissend, dass bei diesem Herbstwetter den Elchen kaum beizukommen war. Die standen wachsam in der Äsung und flüchteten bei der geringsten Bewegung.

Das Tief, das sich über den Waldkämmen ankündigte, sollten sie abwarten, es würde Elchwetter mit Wind und viel Regen herüberbringen, hatte er der Freundin geraten. Die aber war ungeduldig dabei geblieben, das schwierigere Angehen des Elches auch bei Sonne zu versuchen. Die »Regenjagd« auf Elche hatte Erpo sich bei den Indianern abgeschaut, aber Uta ließ sich nicht beirren. Nur wegen des Elches sei sie über »den Großen Teich« gekommen, hatte sie gemault und Erpo die Diskussion beendet.

Um Mitternacht war das Wetter umgeschlagen, schneller als erwartet war das geschehen.

Die regenschweren Wolken kämmten das braune Moor, der Wind pflückte die ersten roten und gelben Blätter von den Birken und »Ra«, der Stöberer, verharrte in Erregung in der Morgendämmerung an der Tür – das war sein Wetter, Elchwetter.

Sie tranken süßen Kaffee und aßen Spiegeleier und schwarzes Brot und ließen sich viel Zeit dabei.

Erpo, der elf Jahre schon als Jagdführer in der Wildnis lebte, hatte am Tage zuvor mit dem Hund das Revier erkundet und war auf starke Fährten gestoßen, die alle aber von unbekannten, durchziehenden Elchen stammten; wie in jedem Herbst wechselten sie vom Süden herauf in sein Revier ein, wurden von einer mysteriösen Unruhe getrieben. Sie waren ständig auf den Läufen, tauchten in der dichten Strauchflora am River unter, wo sie bis zur Nachmittagssonne bedächtig umherzogen, und sie verließen den Distrikt erst in der heraufziehenden Abenddämmerung.

Unweit des Jagdhauses hatte Erpo eine Elin mit zwei feisten Kälbern ausgemacht und einen starken Schaufler in dunkler Decke, der ihr folgte. Konnte das Utas Elch werden?

Sie krochen in die ältesten, vom Harz verklebten und von den Mäusen heimgesuchten Klamotten, die seit vielen Jahre im Geräteschuppen ihren Platz hatten und dort den Geruch der Wildnis annahmen, was Erpo für wichtig hielt, wenn er erfolgreich jagen wollte. Wild reagiert empfindlich auf Fremdgerüche. Als junger, stürmischer Jäger hatte er das in Rumänien erfahren, als er tagelang über einem

Pferdekadaver auf den Bären wartete, der sich aber erst aus dem Wald hervorwagte, als Erpo keine Haarpomade mehr verwendete. Der Hüter Posowicz hatte ihm das beigebracht.

Um das Blockhaus herum tanzten die grauen und die weißen Wolken ihren verrückten Herbstreigen, warfen nasse Fetzen auf die Stege, die in die Wildnis führten. Sie kletterten über die vom Ureis übereinandergeschobenen Granitbrocken und stiegen nach einer schweißtreibenden Stunde dann in den Rottannen-Kamm ein, der eine fast undurchdringliche Barriere zum Moor hin bildete und im Osten die riesige Strauchtundra berührte, die den River kilometerweit begleitete. Hier standen seit Aufgang der Brunft die meisten der fremden Elche.

Bedächtig tasteten sie sich vorwärts, denn die tanzenden Wolken waren so dicht, dass die Sicht kaum zwei Meter weit reichte.

»Ra« witterte Wild. Er schritt an der kurzen Leine bei Fuß, aber das Zucken des Leders verriet Erpo seine Erregung.

Sie traten in frische Elchlosung und endlich auch in neue Fährten; Gräser und Büsche waren tief in die lehmige Erde gedrückt.

Wo die Tannen zurückwichen und der Strauchgürtel lichter wurde, trennten sie sich. Es war abgesprochen, dass Uta auf einem Erdwurf, der ihr früher schon einmal als Standplatz gedient hatte, verweilte, während Erpo mit »Ra« im entgegengesetzten Wald Witterung legte und damit das Wild zum Auswechseln zwang. Wechselten dann Elche wie gewünscht zum Moor hinüber, sollte sich »Ra« bewähren.

Jetzt aber wurde es dunkler und ein Orkan baute sich rasch auf, peitschte den kalten Regen gegen die Tannen, dass es ächzte und krachte und Uta den Parka über ihren Kopf zog und nur einen schmalen Schlitz frei ließ, um daraus die Lichtung beobachten zu können. Blitze fuhren hernieder, denen sofort das Donnergrollen folgte.

Das Gewitter stand über ihnen. Es war ein bläuliches Licht, das durch die Wolken zuckte, ein Leuchten, das die Augen blendete und die Büsche und die Bäume zu hüpfenden und rennenden Gespenstern machte.

Plötzlich hörte sie im Getöse »Ras« wütenden Laut sehr nahe. Sie entsicherte und schob den Kopf aus dem Parka, erstarrte aber im Schreck, als wie ein Urweltungeheuer plötzlich der Elch vor ihr auftauchte und im Troll an ihr vorüberzog, so nah, dass sie die kleinen Augen im Blitzfeuer erkannte. Es war unmöglich, einen sicheren Schuss anzubringen!

Dann war Erpo bei ihr, der »Ra« wieder kurz fasste.

»Dein Elchwetter«, stichelte Uta. »Nein, nicht das«, erwiderte er. »Nur Regen, Wind und verrückte Wolken, sagen die Indianer: Meine besten Elche holte ich mir bei Regen, Wind und verrückten Wolken.«

Das Gewitter entfernte sich jenseits des River und auch der Wind verlor seine Verrücktheit. Die Wolken gaben den Wald wieder frei, der Regen tropfte von den Tannen. »Ra« ging tief in einer Fährte, drückte die Nase in das nasse Gras, war wieder in Jagdstimmung.

Im schwarzen Lehm, den die Büsche freigaben, stand die frische Fährte eines Elches. Sie war so neu, dass sich die gerade eingetretenen Halme soeben wieder aufrichteten und die Erde in die Tritte fiel.

»Mein Elch«, triumphierte Uta. »Der hat mich beinahe auf die Schaufeln genommen!«

Sie entschlossen sich, dem Elch zu folgen. »Ra« bekam die Leine und Uta pirschte um einige Meter vor Erpo. Vor ihnen wurde starkes Wild hoch, der Boden dröhnte dumpf. Elche? Dann wieder brach es rechts vor ihnen, aber der niedere Wald war so dicht, dass sie keine Sicht hinein hatten. Jetzt stand »Ra« vor, verbellte lauthals ein Stück und straffte die Leine. Nun erkannte Uta den Elch, der mit gesenktem Grind zwischen den Erlen auftauchte und »Ra« annahm. Sie war in die Hocke gegangen und hatte die Büchse hochgerissen, doch die Sträucher gaben den Elch nicht frei und der Hund bewegte sich dazwischen. Alles geschah in Sekundenschnelle! Der Schaufler

setzte in dreister Flucht an ihnen vorüber und verschwand wieder im Hochwald.

Erpo und »Ra« krochen durch die Erlenwildnis, blieben ein paar Mal im Sumpf stecken und erreichten den hohen Wald, als die Wolken abermals ihren Tanz eröffneten.

»Ist nicht unsere Jagd, mein Hund, ich weiß, du bist auch nicht zufrieden«, zischte Erpo wütend.

Wieder wurde es dunkel um sie herum, wieder rollte der Donner über die rauschende, aufflammende Tundra hinweg. Durchnässt trafen sie sich wieder am Moor.

»Dein Indianerwetter ist unwaidmännisch«, schimpfte Uta. Er aber blieb ruhig.

»Es ist ein gerechtes Wetter, sagen die Indianer! Es gibt beiden die gleiche Chance, dem Jäger und dem Gejagten. Wie einfach ist es doch, bei Sonne und weiter Sicht das große Wild zu überraschen.«

Sie schwieg, wollte jagen, hier und jetzt!

»Ich versuche es im Alleingang, gib mir ›Ra‹ mit«, sagte sie schließlich nach langem Zögern. »Ich folge dem Letzten über die Erlenwildnis und nehme danach den Pass am River, einverstanden?"

»In Ordnung. Beende deine Pirsch mit zwei Schüssen, ist bei uns üblich, ich warte am Blockhaus.«

»Wenn Wodan seine wilde Herde treibt, dann treibe ich meinen Elch«, sprach sie laut vor sich hin, und »Ra« war wieder ganz der brave Stöberer, der ungeduldig die Leine straffte.

Ihre Ungeduld belastete Erpo. Er mochte die besonnenen, stillen Jäger, und im Besonderen jene unter ihnen, die sich vor Pirsch oder Ansitz noch einen Tag Ruhe gönnten, um das Revier zu erkunden. Aber er wusste doch, dass Uta nicht leichtsinnig handelte, immer klug und weitblickend Situationen einschätzte, das beruhigte ihn.

Der Regen war kalt. Rings herum in der Ferne tobten heftige Gewitter. Er hatte das schwarze Moor erreicht, als er Utas Schuss vernahm, dumpf, scheußlich anzuhören. Die dann hintereinander folgenden Schüsse waren das Zeichen, dass alles vorbei war und er Hund und Führerin am vereinbarten Standplatz erwarten durfte.

»Verfehlt«, rief sie, ließ sich auf einem Wurfast nieder und steckte eine Zigarette zwischen die Zähne; die Streichhölzer waren nass, glommen nicht. »Fang jetzt nicht mit deinen Indianern an!«

Er lächelte müde.

»Mir bleibt keine Zeit«, hörte er sie klagen.

Der Wind drückte jetzt vom Moor herauf gegen sie und »Ra« nahm abermals Witterung auf. Er straffte die Leine, hob den Fang und stieß einen wolfsähnlichen Laut aus, der seine Herkunft bezeugte und Ungeduld signalisierte.

Der Regen war eisig und schmeckte nach Schwefel. In den Tannen gaben sie »Ra« noch einmal die Leine und sie krochen und schlichen, tief in das wirre Kraut gedrückt, in die Fluchtbahn des Elches.

Wodans wilde Herde kam über den River zurück mit Blitz und Donner, dem Gekreische heftig aufeinandertreffender Stürme und brechender Äste. Da stampfte das achtbeinige Ross Sleipnir auf, da schrien die Raben Hugin und Munin, da heulten die Wölfe Geri und Freki!

Erpo, in den Mysterien der Sagenwelt von Kindesbeinen an tief verwurzelt, liefen eisige Schauer über den Rücken.

»Jagd vorbei, aus«, brüllte er in das Tosen der verrückten Wetter hinein, aber die fraßen seine Worte gierig auf. Er holte »Ra« zurück und stolperte mit ihm an der Rottannen-Mauer entlang, um Uta noch vor dem Moor zu erreichen.

»Geben wir auf, das Urwild hat gewonnen!«

Uta schrie es mit schwindender Kraft, mit der sie sich dann über den stundenlangen Pirschpfad zurück zum Blockhaus schleppte.

Wodan narrte sie, denn als sie abgekämpft und ausgepumpt das Blockhaus erreichten, zerrissen über dem River die schwarzen Wolken, und die Sonne warf verschwenderisch ihr Gold zwischen die kochenden und dampfenden Stämme. Der schwarze Wolkenturm erhob sich jetzt drohend in weiter, weiter Ferne über den Bergen.

In der Nacht werden sie wieder auf uns niederbrechen, die Wolken und die Stürme, die sich drüben für den neuen Überfall formieren, dachte Erpo, als er das Kaminfeuer entfachte.

Lange in den Abend hinein saßen sie auf der Treppe des Blockhauses, erschöpft und schweigend, und sie sahen der Sonne zu, die mit den kleinen Birken spielte, sie mit gelben und braunen und roten Tupfen versah, sich aber gleich wieder spielerisch unter den zitternden Schatten dunkler Wolken versteckte.

Ihr zweiter Tag ertrank im kalten Regen und der letzte auch. Der Pilot des Wasserflugzeuges meldete per Funk, dass sie sich stündlich bereithalten sollten, er umfliege die Wetterfront.

Stundenlang war es ein schweigsamer Abschied. Als einmal die Wolken aufhellten und nur das Rauschen der Fallwasser zu hören war, zog mit schwingendem Körper ein kapitaler Schaufler unweit des Hauses über die Grassteppe. Mit jedem seiner Tritte spritzte das Wasser empor. Kein alberner Spuk, tatsächlich ein kapitaler, schwarzer Elch mit einem gewaltigen Schaufelkorb, den er ihnen gehobenen Grindes präsentierte.

»Wirst du wiederkommen?«

»Ja, im nächsten Herbst! Dann aber bleibe ich, bis ich ihn habe. Unter Zeitdruck jage ich nie wieder, versprochen, Jagd braucht Zeit!«

»Ja, Jagd braucht Zeit«, erwiderte Erpo lächelnd.

Als sie zum See hinüberliefen, wo das Flugzeug einlandete, nahm sie Erpos Hand und drückte sie fest.

»Sorge dich nicht um deine Jägerin! Ich bin stolz, die Unterlegene zu sein, hab' viel gelernt in der kurzen Zeit. Nicht wir bestimmen den Erfolg, sondern die Elche!«

Bildnachweis

Mit 12 Zeichnungen des Verfassers

Impressum

Umschlaggestaltung von eStudio Calamar unter Verwendung einer Fotografie von Horst Jegen

Mit 12 Zeichnungen

Unser gesamtes lieferbares Programm und viele weitere Informationen zu unseren Büchern, Spielen, Experimentierkästen, DVDs, Autoren und Aktivitäten finden Sie unter **www.kosmos.de**

FSC www.fsc.org MIX Papier aus verantwortungsvollen Quellen FSC® C005833

Gedruckt auf chlorfrei gebleichtem Papier

ISBN 978-3-440-13193-0
Redaktion: Ekkehard Ophoven
Produktion: Die Herstellung
Printed in Czech Republic / Imprimé en Republique Tchèque